图形图像处理——
Photoshop 平面设计案例教程

主　编　程洪全　盛新海
副主编　潘光生　杨乐滨　李成欣
参　编　刘建全　王国令　徐立东
　　　　秦永杰　李　亮　吴乐涛
　　　　王建美

北京理工大学出版社
BEIJING INSTITUTE OF TECHNOLOGY PRESS

内 容 提 要

本书作为Photoshop的入门作品，采用任务学习法，设计贴近日常生活应用的案例，使读者以制作人员的身份直接对任务实施，在完成任务的过程中掌握Photoshop的使用方法，以便快速掌握图形图像处理的基本技巧。

本书共有9个项目，即图形图像处理基础、图层操作、选区与抠图、图形图像修复、文本设计、通道与蒙版的运用、滤镜效果应用、3D图像设计、应用综合实例，将Photoshop相关知识进行综合应用，以达到学习者尽快上岗的目的。

本书适合作为广大图形图像处理爱好者的自学参考用书。

版权专有　侵权必究

图书在版编目（CIP）数据

图形图像处理：Photoshop平面设计案例教程 / 程洪全，盛新海主编.—北京：北京理工大学出版社，2020.4（2022.8重印）
ISBN 978-7-5682-8280-2

Ⅰ.①图… Ⅱ.①程… ②盛… Ⅲ.①图象处理软件－教材 Ⅳ.①TP391.413

中国版本图书馆CIP数据核字（2020）第045508号

出版发行 / 北京理工大学出版社有限责任公司	
社　　址 / 北京市海淀区中关村南大街5号	
邮　　编 / 100081	
电　　话 /（010）68914775（总编室）	
（010）82562903（教材售后服务热线）	
（010）68944723（其他图书服务热线）	
网　　址 / http://www.bitpress.com.cn	
经　　销 / 全国各地新华书店	
印　　刷 / 定州启航印刷有限公司	
开　　本 / 787毫米×1092毫米　1/16	
印　　张 / 16	责任编辑 / 张荣君
字　　数 / 418千字	文案编辑 / 张荣君
版　　次 / 2020年4月第1版　2022年8月第4次印刷	责任校对 / 周瑞红
定　　价 / 49.80元	责任印制 / 边心超

图书出现印装质量问题，请拨打售后服务热线，本社负责调换

PREFACE
前言

Adobe Photoshop 是目前最先进流行的图像编辑应用方案，Adobe Photoshop 这款图形图像处理软件包含了图像扫描、修改编辑、图片制作、广告设计、图像输入输出等功能，在平面设计、图像创作与处理等方面起着举足轻重的作用，其强大的功能令用户叹为观止。本书定位于 Photoshop 的初学者，从一个图像处理、平面设计的初始者的角度出发，合理安排知识点，并结合大量的实例进行讲解，让读者在最短的时间内掌握最有用的知识，迅速成为图像处理的高手。

本书的编写编写特点如下：

1. 丰富的信息化教学资源

本教材配有大量的案例文件、素材、教学课件、教案以及课程标准，案例新颖自然，教学资源丰富。

2. 学生主体凸出

本教材充分体现任务驱动、项目导向的教学理念，指导学生学习 Photoshop cs6 的主要功能与使用技巧，并强调将软件功能运用到图像处理中，突出创新能力的培养，本教材主要有九个项目组成，每个项目有多个具体且生动活泼的学习任务构成，每个任务遵循任务分析、任务步骤、任务知识、任务拓展等几部分组成，最后每个项目同项目评价和巩固与提高来强化所学知识。

3. 本书比较全面的阐述了 Photoshop 的基本功能和实用技术，任务生动明确，语言通俗易懂，并将实践与理论紧密相结合，目的是使学生在熟练使用 Photoshop 软件同时，为他们的职业生涯发展和具备良好的素质打下基础。

4. 本教材既适合于对图像处理、平面设计爱好者使用，也适用于相关职业技能证书考试的参考资料。

授课建议和教学内容课时分配：

本课程以实践为主，为了便于教学过程的顺利开展，建议在学校的网络机房环境中进行，这样既方便教师的知识讲解和练习指导，又有利于学生提高学习效率，加大知识传授的信息量，理论联系实际，保证课堂教学的效果。

全书共分九个项目：

项目	教学内容	参考学时
项目 1	图形图像处理基本	10
项目 2	图层操作	8
项目 3	选区与抠图	10
项目 4	图形图像的修复	10
项目 5	文本设计	8
项目 6	通道与蒙板的运用	8
项目 7	滤镜效果应用	8
项目 8	3D 图像设计	8
项目 9	应用综合实例	10

本书由北京理工大学出版社组织编写，程洪全、盛新海担任主编，潘光生、杨乐滨、李成欣担任副主编，刘建全、王国令、徐立东、秦永杰、李亮、吴乐涛、王建美参编。张枝军、沈凤池教授参与了审稿工作，在此一并表示感谢。

为进一步提高本书质量，欢迎广大读者和专家对我们的工作提出宝贵的意见和建议。

编　者

CONTENTS

目录

项目1 图形图像处理基础	1
任务1 认识 Photoshop 界面	1
【任务拓展】布置工作界面	5
任务2 制作相册	6
【任务拓展】排列灯笼	9
任务3 制作立方盒子	10
【任务拓展】制作水中倒影	13
任务4 调整肤色	14
【任务拓展】换色花朵	18
任务5 魔法换装	19
【任务拓展】调整偏色照片	25
任务6 五彩缤纷的花朵	26
【任务拓展】制作唯美夏季	30

项目2 图层操作	35
任务1 制作浮雕效果	35
【任务拓展】制作邮票	39
任务2 制作燃烧效果字	43
【任务拓展】制作多彩荧光字	51

任务3 制作草地文字	54
【任务拓展】制作多彩唇色	56
任务4 调整照片色彩	63
【任务拓展】调整偏暗风景照片	66
任务5 制作相册模板	66
【任务拓展】人物换衣	70

项目3 选区与抠图	74
任务1 设计工行标志	74
【任务拓展】绘制公司标志	78
任务2 制作海景婚纱照	79
【任务拓展】制作花王女孩	84
任务3 抠图蜘蛛侠	86
【任务拓展】制作卡通星空城堡	88
任务4 制作 VIP 贵宾卡	91
【任务拓展1】几何形体的制作	96
【任务拓展2】钟表的制作	97
任务5 制作"我的爱心"	99
【任务拓展】绘制保龄球	105

项目 4　图形图像修复 ······ 110
任务 1　去水印 ······ 110
【任务拓展】红眼兔 ······ 114
任务 2　催熟苹果 ······ 116
【任务拓展】制作个人相册 ······ 118
任务 3　制作草地 ······ 119
【任务拓展】自制星星画笔 ······ 123
任务 4　制作水滴 Logo ······ 124
【任务拓展】制作卡通人 ······ 128
任务 5　制作蜡烛 ······ 128
【任务拓展】提亮图片 ······ 132

项目 5　文本设计 ······ 135
任务 1　设计禁止吸烟广告 ······ 135
【任务拓展】制作变形文字 ······ 138
任务 2　设计精美日历 ······ 140
【任务拓展】设计 Logo 文字 ······ 144
任务 3　制作路径文字 ······ 146
【任务拓展】制作艺术效果文字 ······ 149
任务 4　制作绿水青山宣传画 ······ 152
【任务拓展】制作宣传海报 ······ 154

项目 6　通道与蒙版的运用 ······ 159
任务 1　制作工作照 ······ 159
【任务拓展】替换婚纱照背景 ······ 164
任务 2　艺术裁切图像 ······ 166
【任务拓展】消除人物脸部的斑点 ······ 170
任务 3　利用蒙版制作简易边框 ······ 173

【任务拓展】制作童年艺术照片 ······ 177

项目 7　滤镜效果应用 ······ 182
任务 1　制作五彩烟花 ······ 182
【任务拓展】制作火焰字效果 ······ 189
任务 2　制作破旧书皮 ······ 190
【任务拓展】制作木刻花 ······ 197
任务 3　设计热气球 ······ 198
【任务拓展】设计浮雕文字特效 ······ 202

项目 8　3D 图像设计 ······ 205
任务 1　设计 3D 广告 ······ 205
【任务拓展】制作 3D 效果文字 ······ 210
任务 2　弯曲立体字设计 ······ 211
【任务拓展】制作立体宇宙爆炸效果 ······ 216
任务 3　制作多层次的金色立体字 ······ 218
【任务拓展】3D 蓝橙旋涡海报制作 ······ 225

项目 9　应用综合实例 ······ 229
任务 1　设计唇膏广告 ······ 229
任务 2　制作清新海报 ······ 233
任务 3　设计包装手提袋 ······ 237
一、手提袋平面图 ······ 238
二、手提袋立体图 ······ 241
任务 4　设计三折页 ······ 244

参考文献 ······ 250

项目 1 图形图像处理基础

学习目标:
- 认识 Photoshop CS6 的工作环境
- 学会文件的创建和保存
- 标尺、网格、参考线的使用
- 掌握图像模式的调整
- 掌握图像颜色的调整
- 会对图像进行变换

任务 1 认识 Photoshop 界面

【任务分析】

Photoshop 是美国 Adobe 公司开发的图形图像处理软件。它具有强大的功能,是国内最流行的专业平面设计软件。我们可以在 Photoshop 中对数码照片进行调整、合成、特殊处理等操作。

Photoshop CS6 在原来版本的基础上增加了许多新的功能,如界面可以调整不同的亮度,新增了图层过滤、自动存储功能等,让我们一起揭开 Photoshop CS6 的神秘面纱吧!

【任务步骤】

1. 启动 Photoshop CS6,按"Shift+F1"键或"Shift+F2"键减小或增加界面亮度,调整到自己适应的软件界面亮度效果。

2. 执行"文件"—"新建"命令,此时弹出"新建"对话框,修改"宽度"和"高度""分辨率""颜色模式""背景内容"后即可创建一个新图像文件,如图 1-1-1 所示。

3. 单击"工具栏"中的"设置前景色"按钮,弹出"拾色器"对话框,拖拽中间色系图,在中间颜色区域中单击选择一个颜色,也可以在左侧数字框中输入颜色值,如图 1-1-2 所示。

操作视频

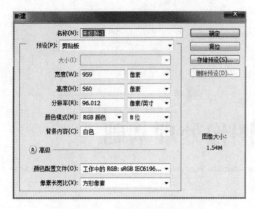
图 1-1-1 "新建"对话框

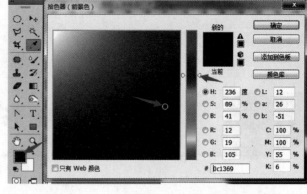
图 1-1-2 "工具栏"与"拾色器"对话框

4. 执行"编辑"—"填充"命令，打开"填充"对话框，选择"前景色"后单击"确定"按钮，或者直接按"Alt+Delete"键填充前景色。

5. 单击"工具栏"中的"文字工具"按钮 T，在"文字工具"属性栏中设置字体、大小、颜色、文字变形后，在画布中单击，输入文字"Photoshop CS6"，单击"▶┿"工具，用鼠标将文字拖拽到适当的位置，如图 1-1-3 所示。

图 1-1-3 "文字属性"属性栏

6. 执行"3D"—"从所选图层创建 3D 凸出"命令，如图 1-1-4 所示。

7. 在"3D"面板中选择"Photoshop CS6 凸出材质"选项，同时在"属性"面板中修改参数，如图 1-1-5 所示，观察画布中文字效果。

8. 调整效果后，打开"图层"面板，在文字图层中右击，选择"栅格化 3D"选项，如图 1-1-6 所示。

9. 保存文件，执行"文件"—"存储或存储为"命令，在弹出的"存储为"对话框中，选择保存位置、输入文件名，在类型中选择"JPEG"格式，如图 1-1-7 所示，单击"保存"按钮。

图 1-1-4 创建"3D"图层

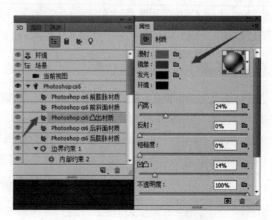
图 1-1-5 "3D"面板及属性

图 1-1-6 "图层"面板

图 1-1-7 "存储为"对话框

【相关知识】

1. 像素

计算机中的图像是由像素构成的，每个像素中都有自己的颜色信息。我们可以把它们看成一格填满某一颜色的小方格，当许多不同颜色的小方格相互紧密地排列在一起，就会构成我们在计算机中看到的图像。当用缩放工具放大图像时，就可以看到类似马赛克的效果，原因就是每个像素也被放大。

2. 分辨率

分辨率就是屏幕图像的精密度，是指显示器所能显示的像素的多少。由于屏幕上的点、线和面都是由像素组成的，显示器可显示的像素越多，画面就越精细，同样的，屏幕区域内能显示的信息也越多。所以，分辨率是一个非常重要的性能指标。我们可以把整个图像想象成一个大型的棋盘，而分辨率的表示方式就是所有经线和纬线交叉点的数目。

目前，显示器分辨率是指显示器中每个单位长度显示的像素或点数，通常以"点/英寸"表示。例如，一台计算机屏幕的分辨率是 800×600，表示屏幕的宽度点数为 800 点，高度为 600 点。

图像中的分辨率是指打印图像时，在每个单位长度打印的像素数，通常用"像素/英寸"（Pixel per inch）表示。例如，通常系统默认的 72 分辨率，表示图像每英寸包含 72 个像素点。在图像尺寸相同的情况下，当图像的分辨率越高时，其单位面积内的像素就越多，图像就越清晰；如果图像的分辨率太低，或图像放大得太大，图像看上去就会很粗糙。

3. Photoshop 中的文件格式

Photoshop 是一种处理点阵图的绘图软件。它支持的格式很多，而且不同的图像格式其存储方式和应用范围也有所不同，如图像用于网页，最好的格式为 GIF 格式；如用于印刷，则最好保存为 TIFF 格式。下面介绍几种常用的图像格式。

(1) PSD 格式（*.psd）。

PSD 格式是 Photoshop 的固有格式，PSD 格式可以比其他格式更快速地打开和保存图像，很好地保存图层、通道、路径、蒙版以及压缩方案，不会导致数据丢失等。但是，仅有很少应用程序支持这种格式。

(2) BMP 格式（*.bmp）。

BMP（Windows Bitmap）格式是微软公司开发的 Microsoft Pain 的固有格式，这种格式被大多数软件所支持。BMP 格式采用了一种叫 RLE 的无损压缩方式，对图像质量不会产生什么影响。

(3) PDF 格式（*.pdf）。

PDF（Portable Document Format）是一种跨平台的文件格式，Adobe Photoshop 和 Adobe Illustrator 都可以直接将文件存储为 PDF 格式，PDF 格式支持标准的 Photoshop 格式所支持的所有色彩模式和功能，还支持 JPEG 和 ZIP 压缩。在色彩模式方面，PDF 格式支持 RGB、索引色、CMYK、灰度、位图、Lab 色彩模式，但不支持 Alpha 通道。

(4) JPEG 格式（*.jpg 或 *.jpeg）。

JPEG（Joint Photographic Experts Group，意为联合图形专家组）是我们平时最常用的图像格式。它是一个最有效、最基本的有损压缩格式，为绝大多数的图形处理软件所支持。JPEG 格式的图像还广泛用于网页的制作。如果对图像质量要求不高，但又要求存储大量图片，使用 JPEG 格式无疑是一个好办法。但是，如果要求进行图像输出打印，最好不使用 JPEG 格式，因为它是通过损坏图像质量而提高压缩质量的。

(5) GIF 格式（*.gif）。

GIF 格式是输出图像到网页最常采用的格式。GIF 采用 LZW 压缩，限定在 256 色以内的色彩。GIF 格式以 87a 和 89a 两种代码表示。GIF87a 严格支持不透明像素，而 GIF89a 可以控制那些区域透明。因此，更大地缩小了 GIF 文件的尺寸。如果要使用 GIF 格式，就必须转换成索引色模式（Indexed Color），使色彩数目转为 256 或更少。

(6) TIFF 格式（*.tif）。

TIFF（Tag Image File Format，意为有标签的图像文件格式）是 Aldus 在设计 Mac 初期开发的，目的是使扫描图像标准化。它是跨 Mac 与 PC 平台最广泛的图像打印格式。TIFF 使用 LZW 无损压缩方式，大大减少了图像尺寸。另外，TIFF 格式还可以保存通道，这对于处理图像是非常有好处的。

4. Photoshop CS6 工作界面（图 1-1-8）

图 1-1-8　工作界面组成

（1）菜单栏。Photoshop CS6 工作界面最上边一栏是菜单栏，包含"文件""编辑""图像""图层"等 11 组菜单，菜单栏中包含 Photoshop 中的大多数指令。

单击任意一个菜单项即可打开相应的下拉菜单，里面包含与菜单项名称相关的各种操作指令，黑色显示表示指令处于可操作状态，灰色显示表示当前状态下不可操作。

（2）工具属性栏。配合工具栏各种工具的使用，工具不同时选项栏的内容也随之变化。其主要用来设置工具的调整参数。

（3）工具箱。工具箱中集合了 Photoshop 中大部分工具，根据功能大体上分为移动与选择工具（6 个）、绘图与修饰工具（8 个）、路径与矢量工具（4 个）、辅助工具等几大类别。如果某个工具图标右下角有三角形标志，表示这是一个工具组，右击小三角可在下拉列表中看到多个类似工具。按住"Alt"键单击工具图标，可在多个不同工具间切换。

（4）标题栏。新建或打开一个图像文档，Photoshop 会自动建立一个标题栏，标题栏中就会显示这个文件的名称、格式、窗口缩放比例及色彩模式等信息。

（5）工作区。工作区是用来显示、编辑和绘制图像的地方，为了方便观察，窗口可任意缩放。

（6）调板。调板用来配合图像的编辑、对操作进行控制和设置属性和参数等。这些调板都在"窗口"菜单里。如果要打开某一个面板，可以在"窗口"菜单下拉列表中勾选该项面板。

（7）状态栏。状态栏位于工作界面的最底部，用于显示当前文档大小、尺寸、缩放比例、当前工具等多种内容。单击状态栏中的小三角，可自定义设置要显示的内容。

【任务拓展】布置工作界面

1. 启动 Photoshop CS6 软件，执行"编辑"—"首选项"—"常规"命令，弹出"首选项"对话框，如图 1-1-9 所示，修改界面效果。

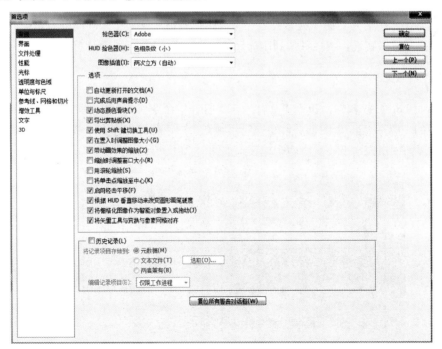

操作视频

图 1-1-9 "首选项"对话框

2. 执行"窗口"—"工作区"命令，选择不同的工作模式，如图 1-1-10 所示，浮动面板会根据不同的选择，发生相应的变化。

3. 单击面板右上角的小三角形，可弹出面板的命令菜单，如图 1-1-11 所示。

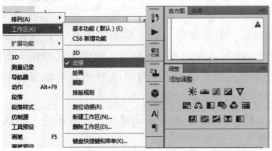

图 1-1-10　工作区菜单

图 1-1-11　面板命令菜单

任务 2　制作相册

【任务分析】

标尺、网格和参考线是 Photoshop 中的辅助工具，通过这些工具，可以方便地对图像进行准确的编辑，在实际工作中需要对图像元素高度、宽度、位置以及元素之间的间隔有精确的要求，这就需要这些辅助工具来实现，本任务是利用标尺、网格、参考线定位工具制作一个相册。

【任务步骤】

1. 启动 Photoshop CS6 软件，执行"文件"—"打开"命令（或直接按"Ctrl+O"键），打开素材文件夹中的"照片 1.jpg"图像文件，执行"视图"—"标尺"命令（或直接按"Ctrl+R"键）。此时文档界面中出现水平和垂直两个标尺，如图 1-2-1 所示。

操作视频

图 1-2-1　显示标尺

【小技巧】标尺默认的长度单位是"厘米",若改变长度单位,可在标尺上右击,在下拉列表中选择不同的单位。

2. 打开"视图"菜单下"新建参考线",在弹出的"新建参考线"对话框中,在"取向"中选择"垂直",位置处输入"0厘米",单击"确定"按钮。重复上述操作,在位置处输入"100%",单击"确定"按钮。此时在图像中添加了2条垂直的参考线,用同样的方法还可以添加水平参考线,如图1-2-2所示。

3. 测量图片的长度,单击工具箱中的"度量工具" ,按"Shift"键在2条参考线直接拖拽鼠标,画出一条直线,此时在"信息"面板(按"F8"键显示"信息"面板)中出现直线的长度,如图1-2-3所示。

图1-2-2 新建参考线　　　　　图1-2-3 度量工具

【请思考】如果要测量图像的高度,如何操作?

4. 新建一个"宽度"为31厘米、"高度"为21厘米、"分辨率"为72像素/英寸的文件,在文档中新建垂直和水平2条参考线,位置为50%,执行"视图"—"显示"—"网络"命令(快捷键是"Ctrl+'"),如图1-2-4所示。

图1-2-4 显示网格

【小技巧】添加参考线时,可以直接输入位置的坐标值,如水平方向位置5厘米,也可以在位置处输入比例位置,如1/3处约为33.333%,1/2位置为50%。

5. 选择工具箱中的"移动工具",拖拽"照片1.jpg"图像文件到新建的文件中,根据网格和参考线使照片移动到指定的位置,如图1-2-5所示。

6. 打开素材文件夹中的"照片2.jpg""照片3.jpg""照片4.jpg""照片5.jpg"图像文件,并分别将图像文件移动到新文件中,调整照片位置。

7. 执行"文件"—"存储"命令,将文件保存为"相册.jpg"。

图 1-2-5　调整图片位置

【相关知识】

1. 标尺的显示与隐藏:"视图"—"标尺",勾选为显示,取消勾选为隐藏,或按"Ctrl+R"键。
2. 标尺单位设置:"编辑"—"首选项"—"单位与标尺",可以设置默认的标尺单位和文字单位、列尺寸以及新文档预设分辨率等,如图 1-2-6 所示。

图 1-2-6　设置"单位与标尺"

3. 设置网格线效果:"编辑"—"首选项"—"参考线、网格和切片",如图 1-2-7 所示。

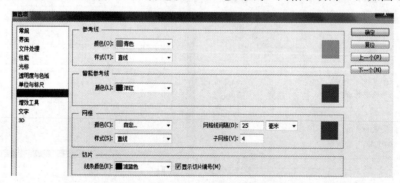

图 1-2-7　设置"参考线、网格和切片"

4. 标尺参考线位置的移动:用鼠标拖拽改变位置的参考线,即可拖拽到相应的位置。
5. 锁定参考线:"视图"—"锁定参考线"或按快捷键"Ctrl+Alt+"。
6. 显示隐藏参考线:"视图"—"显示"—"参考线"或按快捷键"Ctrl+H"。注意隐藏不等于消除。
7. 参考线的清除:"视图"—"清除参考线"或用鼠标指针选中"参考线"然后拖拽到画布边缘处,可以逐步删掉参考线。

【任务拓展】排列灯笼

1. 新建一个"宽度"为30厘米、"高度"为40厘米、"分辨率"为72像素/英寸的文件。
2. 执行"视图"—"新建参考线"命令,在33.333%和66.666%位置分别新建2条垂直和水平参考线,如图1-2-8所示。
3. 执行"文件"—"置入"命令,在弹出的"置入"对话框中,选择素材文件夹中的"灯笼.png"图像文件后单击"确定"按钮,将图像文件置入新建文件。

操作视频

4. 在"图层"面板中拖拽"灯笼"图层到"新建图层"按钮 上,此时将复制一个"灯笼 副本"图层,用"移动工具"将"灯笼 副本"的图像移动到画布的左上角位置;同理,用鼠标拖拽"灯笼 副本"图层到"新建图层"按钮上,则复制一个"灯笼 副本2"图层,将这图层移动到右上角位置,如图1-2-9所示。

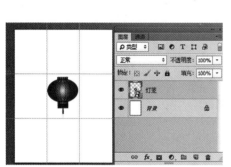

图1-2-8 新建参考线和置入图片

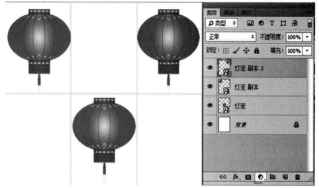

图1-2-9 复制图层

5. 按住"Shift"键单击"灯笼 副本"图层和"灯笼 副本2"图层,拖拽鼠标使其指针落到"新建图层"按钮上,此时会复制2个图层"灯笼 副本3""灯笼 副本4",移动这2个图层图像到参考线中间部位。用同样的方法再复制2个灯笼图像图层"灯笼 副本5""灯笼 副本6",并移动到参考线下面区域内,如图1-2-10所示。

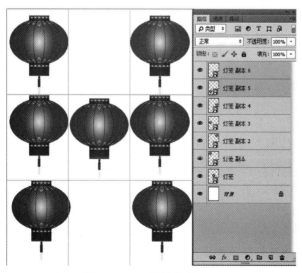

图1-2-10 继续复制图层

6. 改变图像大小，按"Ctrl"键，单击选择"灯笼副本 3"和"灯笼副本 4"图层，执行"编辑"—"变换"—"缩放"命令，拖到控制点改变图像大小；选择"灯笼副本 5"和"灯笼副本 6"两个图层，执行"编辑"—"变换"—"再次"命令 2 次，或按"Shift+Ctrl+T"键 2 次，会重复上次缩放 2 次。用"移动工具"重新排列各个图层内图像的位置，如图 1-2-11 所示。

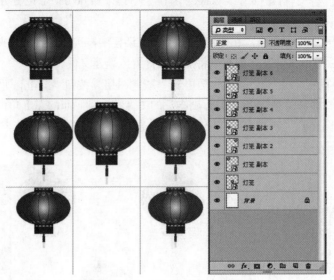

图 1-2-11　改变图片大小和位置

7. 修改前景色为任意颜色，单击选择"背景"图层，执行"编辑"—"填充"命令，将前景色填充到"背景"图层，保存文件。

任务 3　制作立方盒子

【任务分析】

本任务是将多个图像通过"变换"命令，调整图像的大小、旋转、斜切效果，拼接在一起组合起来。

【任务步骤】

1. 新建一个"宽度"为 15 厘米、"高度"为 15 厘米、"分辨率"为 72 像素/英寸、"颜色模式"为 RGB 颜色的文件，修改前景色为浅蓝色，按"Alt+Delete"键将前景色填充到背景中。

操作视频

2. 打开素材文件夹中的"照片 1.jpg""照片 2.jpg""照片 3.jpg"图像文件，用"移动工具"将"照片 1.jpg"拖拽到新文件选项卡中，这时新文件中自动创建"图层 1"，选择"图层 1"，执行"编辑"—"变换"—"缩放"命令，此时图片周围出现 8 个控制点，用鼠标拖拽控制点改变图像大小，按"Enter"键确认变换，如图 1-3-1 所示。

【小技巧】按"Shift"键拖动图像对角线上的控制点，可以使图像按等比例缩放。

3. 将"照片 2.jpg"移动到新文件中，再次执行"编辑"—"变换"—"扭曲"命令，拖动控制点改变图像斜切效果，如图 1-3-2 所示。

【小技巧】为了把握斜切点位置方便，可以打开标尺（"窗口"—"标尺"），用鼠标在标尺中拖拽出水平或垂直参考线，方便调整控制点。

图 1-3-1　图像缩放

4. 将"照片 3.jpg"移动到新文件中，再次执行"编辑"—"变换"—"扭曲"命令，进行斜切操作，如图 1-3-3 所示。

图 1-3-2　图像扭曲

图 1-3-3　最终效果

5. 分别选择每个图层，执行"编辑"菜单下"描边"命令，修改描边大小和颜色，为每个图层图像描边。

6. 保存文件。

【相关知识】

1. 自由变换：执行"编辑"—"自由变换"命令或按"Ctrl+T"键，可对图层图片进行移动、旋转、缩放、扭曲、斜切等操作。其中，移动、旋转和缩放称为变换操作，而扭曲和斜切称为变形操作，如图 1-3-4 至图 1-3-6 所示。

图 1-3-4　图像控制点

图 1-3-5　图像旋转

2．变换：执行"编辑—变换"命令可以实现缩放、旋转、斜切、扭曲、透视、变形、旋转180°、旋转90°，水平翻转、垂直翻转，如图1-3-7至图1-3-9所示。

图1-3-6　图像扭曲

图1-3-7　图像透视

图1-3-8　图像变形

图1-3-9　图像水平翻转

3．内容识别比例：Photoshop软件会自动对图片进行识别，判断出图片组成主体部分，并在一定程度上对其进行保护。如图1-3-10所示。将保护的内容用选区工具（后面将详细介绍），执行"选择"菜单下的"存储选区"命令，为选区输入一个名称，如图1-3-11所示，按"Ctrl+D"键取消选区。

图1-3-10　制作选区

图1-3-11　"存储选区"对话框

4．当执行"编辑"菜单下的"内容识别比例"命令时，在工具栏中的保护中选择选区名称，如图1-3-12所示。当我们通过"自有变换工具"改变图像时，选区内容不会发生改变。

5．控制变形：通过调整图像的像素点而达到图像变形。执行"编辑"菜单下的"控制变形"

命令，单击可以在图像上打上"图钉"，如图 1-3-13 所示。拖拽"图钉"可以使图像变形，如图 1-3-14 所示。

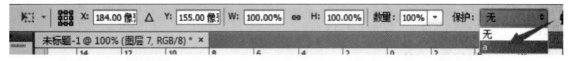

图 1-3-12　内容识别比例工具栏

图 1-3-13　添加图钉

图 1-3-14　调整图钉

【任务拓展】制作水中倒影

1. 启动 Photoshop CS6 软件，打开素材文件夹中的"城市.jpg"图像文件，拖拽图像背景层到"新建图层"按钮上，复制一个新的图层。

2. 执行"图像"—"画布大小"命令，在弹出的对话框中，将"高度"修改为原来的 2 倍，选择将原图像定位到上方，"画布扩展颜色"修改为其他，颜色为深蓝色，如图 1-3-15 所示。

3. 选择背景副本层，执行"编辑"—"变换"—"垂直翻转"命令，用"移动工具"将图像移动到画布下方，修改"填充"为 50%，如图 1-3-16 所示。

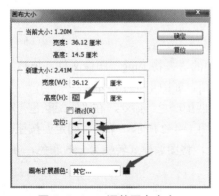

图 1-3-15　调整画布大小

图 1-3-16　修改"填充"

4. 执行"滤镜"—"模糊"—"动感模糊"命令，在弹出的"动感模糊"对话框中修改"角度"为 0 度,"距离"为 10 像素,单击"确定"按钮,如图 1-3-17 所示。

5. 使用"椭圆工具" （后面将详细介绍），在倒影图像中拖拽鼠标画出一个椭圆形区域，执行"滤镜"—"扭曲"—"水波"命令,在弹出的"水波"对话框中修改数量、起伏、样式的参数值,单击"确定"按钮,如图 1-3-18 所示。

6. 合并图层,保存文件。

图 1-3-17　动态模式

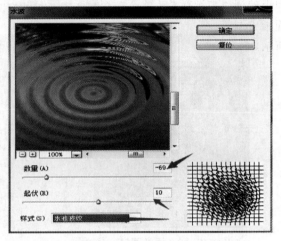
图 1-3-18　水波参数

任务 4　调整肤色

【任务分析】

本任务主要通过对图像的颜色模式进行转换,将人物颜色模式转换为 Lab 模式,通过调整亮度和一些滤镜效果,调整出靓丽的肌肤。

【任务步骤】

1. 启动 Photoshop CS6 软件,打开素材文件夹中的"人物 1.jpg"图像文件,拖拽图像背景层到"新建图层"按钮上,复制一个新的图层,如图 1-4-1 所示。

操作视频

2. 选择副本图层,执行"图像"—"调整"—"匹配颜色"命令,在"匹配颜色"对话框中,勾选"中和"单选项,将图像中的颜色进行中和,如图 1-4-2 所示,单击"确定"按钮。

3. 执行"图像"—"模式"—"Lab 颜色"命令,将图像模式转换为 Lab 颜色,在弹出的对话框中单击"不拼合"按钮,如图 1-4-3 所示。

4. 执行"图像"—"应用图像"命令,在"应用图像"对话框中,选择"通道"为"a","混合"为"柔光"模式后单击"确定"按钮,如图 1-4-4 所示。

5. 执行"滤镜"—"模糊"—"表面模糊"命令,在"表面模糊"对话框中,将"半径"设

置为10,"阈值"设置为10,如图1-4-5所示。(滤镜功能将在后面详细介绍)

6. 执行"图像"—"模式"—"RGB 颜色"命令,将图像颜色模式转换为 RGB 颜色,在弹出的对话框中单击"不拼合"按钮,如图1-4-6所示。

7. 为图层添加亮度对比度效果,单击"图层"面板中的"创建新的填充或调整图层"按钮 ,在弹出的列表中选择"亮度/对比度",在"属性"面板中调整"亮度"和"对比度"的值,如图1-4-7所示。

图 1-4-1 复制背景层

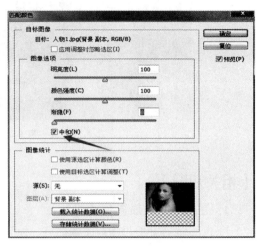

图 1-4-2 匹配颜色

图 1-4-3 模式更改提示

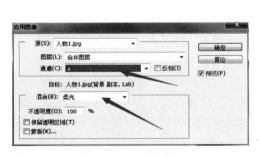

图 1-4-4 应用图像

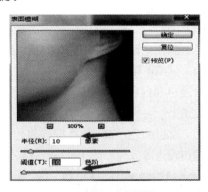

图 1-4-5 表面模糊

图 1-4-6 模式更改提示

图 1-4-7 填充层和属性设置

项目 1 图形图像处理基础 | 15

8. 将文件存储为"冰洁肌肤.jpg",对比前后图像的变化,如图1-4-8所示。

图1-4-8 效果图对比

【相关知识】

1. 图像常用的颜色模式

Photoshop打开的每一幅图像都有一种颜色模式,颜色模式的基础是为描述和再现色彩而建立的各种模型,不同的颜色模式应用于不同的工作中,且包含不同的颜色信息通道,Photoshop常见的颜色模式有:

(1) Lab颜色模式:是Photoshop在不同颜色模式之间转换时使用的中间颜色模式,如图1-4-9所示。

(2) 灰度模式:每个像素都以8 bit(占一个或两个位)。每个像素都是介于黑色与白色之间的(256);$2^8=256$、$2^{16}=65\,536$种灰度的一种。灰度图像中只有灰度颜色而没有彩色,如图1-4-10所示。

(3) 双色调模式:该模式通过1~4种自定油墨创建单色调、双色调(2种颜色)、三色调(3种颜色)和四色调(4种颜色)的灰度图像。

(4) 位图:用来表示最简单的黑白图,即每个像素占用1 bit,非黑即白。不过,尽管图像中只包含黑色和白色,但透过像素的疏密排列,仍可将图像组合成近似视觉上的灰度图,彩色、灰度、位图。

(5) 索引颜色:256种典型的颜色作为颜色表,转换过程存在失真很可能会在原本平滑的图像边缘出现边缘效应。图1-4-11是索引强制三原色效果。

图1-4-9 Lab模式　　　　　图1-4-10 灰度模式　　　　　图1-4-11 索引颜色模式

(6) 多通道模式:该模式下的每个通道都为256级灰度通道。如果删除了RGB、CMYK、Lab模式中的某个通道,图像将自动转换为多通道模式,如图1-4-12所示。

(7) RGB模式:是最常用的颜色模式,代表红、绿、蓝三原色,RGB图像使用3种颜色或通道在屏幕上重现颜色，在 8 位 / 通道的图像中，这 3 个通道将每个像素转换为 24（8 位 ×3 通道）位颜色信息，对于 24 位图像，这 3 个通道最多可以重现 1 670 万种颜色 / 像素。对于 48 位（16 位 / 通道）和 96 位（32 位 / 通道）图像，每个像素可重现甚至更多的颜色，如图 1-4-13 所示。

（8）CMYK 颜色模式：主要用于印刷（青色、洋红、黄、黑）0～100 属于减色模式。特点：文件大，占用磁盘空间大。可以通过控制这 4 种颜色的油墨在纸张上的叠加印刷来产生各种色彩，也就是人们所说的四色印刷，如图 1-4-14 所示。

图 1-4-12　多通道模式　　　　图 1-4-13　RGB 模式　　　　图 1-4-14　CMYK 模式

2．拾色器

我们单击 Photoshop 工具箱底部的"设置前景色"或"背景色"图标，可打开"拾色器"对话框，如图 1-4-15 所示。在窗口中我们可以选择基于 HSB、RGB、Lab、CMYK 4 种常用模型及颜色库里的颜色模型来设置指定颜色。

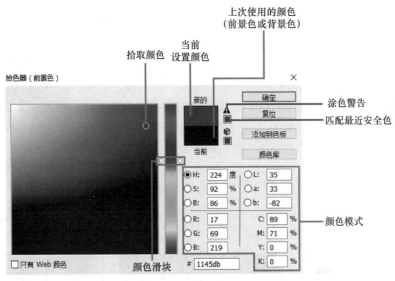

图 1-4-15　"拾色器"对话框

当我们选择颜色时，可以使用输入颜色值的方法来精确定义颜色，在 CMYK 模式中，CMYK（Cyan-Magenta-Yellow-Black）分别代表青色 - 品红 - 黄色 - 黑色，是以百分比来显示每个值的分量；在 RGB 模式中，RGB（Red-Green-Blue）分别代表红 - 绿 - 蓝，颜色值的范围是 0～255；HSB 颜色：基于色相饱和度以及亮度，H 表示 360°的色相环，S 表示饱和度，B/V 为亮度；Lab 模式中 L 值在 0～100，a 值和 b 值数据为 -128～127。在文本框中可以输入一个 16 进制值，如 000000 是黑色，ffffff 是白色，ff0000 是红色。

【任务拓展】换色花朵

1. 新建一个文件,设置"宽度"和"高度"为15厘米×15厘米,"分辨率"为72像素/英寸,"颜色模式"为灰度,如图1-4-16所示。 操作视频

2. 打开素材文件夹中的"花朵.jpg"图像文件,执行"图像"—"图像大小"命令,在对话框中取消"约束比例"勾选,在"宽度"输入15厘米,"高度"输入15厘米,如图1-4-17所示。

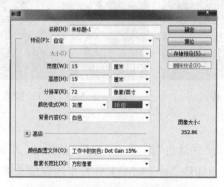
图1-4-16 新建灰度模式文件

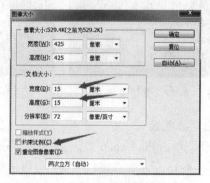
图1-4-17 改变图像大小

3. 用"移动工具"将其拖入新文件,执行"图像"—"模式"—"RGB颜色"命令,将灰度模式的图像转换为RGB模式。

4. 使用"磁性套索工具" 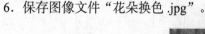(后面将详细介绍),沿花朵边界移动光标,选择花朵,如图1-4-18所示。执行"图像"—"调整"—"颜色平衡"命令,在弹出的对话框中,将"红色"调整到+100、"洋红"调整到-100、"黄色"调整到-100后单击"确定"按钮,如图1-4-19所示,如果颜色不够浓可以再调整几次,最后效果如图1-4-20所示。

5. 执行"选择"—"反向"命令选择草地,执行"图像"—"调整"—"颜色平衡"命令,在弹出的对话框中,将"绿色"调整到+100,其他颜色适当调整,如图1-4-21所示。

图1-4-18 套索选择花朵

6. 保存图像文件"花朵换色.jpg"。

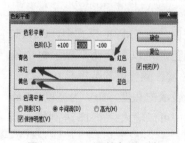
图1-4-19 调整色彩平衡

图1-4-20 调整色彩平衡效果

图1-4-21 反选选区调整色彩平衡

任务 5　魔法换装

【任务分析】

本任务通过运用"图像"—"调整"命令中的色阶、曲线、色彩平衡、亮度/对比度和色相饱和度等命令，同时配合"磁性套索工具"，对图像进行调整，使图像的色彩发生根本性的变化。

【任务步骤】

1．启动 Photoshop CS6 软件，打开素材文件夹中的"礼服 .jpg"图像文件。

2．选择"礼服 .jpg"图像文件，使用工具箱中的"魔棒工具"，单击选择工具栏中的"加选"按钮，反复单击，选择衣服，直至将整个服装选中，如图 1-5-1 所示。

3．创建好礼服选区后，执行"图像"—"调整"—"色彩平衡"命令，拖动第一个滑块向"红色"的方向移动，调整红色到最大，如图 1-5-2 所示，可执行 2 或 3 次达到理想的颜色效果。

4．执行"图像"—"调整"—"亮度/对比度"命令，在弹出的对话框中拖动"亮度"和"对比度"下方滑块，如图 1-5-3 所示，调整图像亮度和对比度到理想效果，如图 1-5-4 所示。

图 1-5-1　选择服装

5．按"Ctrl+D"键取消选区，再次使用"魔棒工具"单击人物外的背景部分，选除人物外的部分，如图 1-5-5 所示，然后执行"选择"—"反向"命令或直接按"Ctrl+Shift+I"键选中人物，如图 1-5-6 所示，执行"图像"—"调整"—"色阶"命令，在弹出的"色阶"对话框中修改参数，如图 1-5-7 所示。

6．按"Ctrl+C"键复制选区，打开"草原 .jpg"图像文件，按"Ctrl+V"键粘贴选区内容。或使用"移动工具"，直接拖拽选区到"草原"图像中，此时人物就复制到"草原 .jpg"图像中，并形成一个新的图层，移动人物到图像下方，如图 1-5-8 所示。

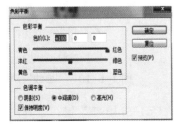

图 1-5-2　调整"色彩平衡"

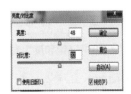

图 1-5-3　调整"亮度/对比度"

项目 1　图形图像处理基础　19

图 1-5-4 调整效果

图 1-5-5 选择人物外部

图 1-5-6 反向选择

图 1-5-7 修改"色阶"

图 1-5-8 选择草地和建筑物

7. 使用工具栏中的"套索工具" ，沿草地和建筑物边缘按鼠标左键移动鼠标指针，将草地和建筑物选中，执行"图像"—"调整"—"色相/饱和度"命令，拖动滑块分别调整图像的"色相""饱和度"和"明度"，单击"确定"按钮，如图 1-5-9 所示。

8. 按"Ctrl+Shift+I"键反向选中"天空"，执行"图像"—"调整"—"曲线"命令，调整曲线，如图 1-5-10 所示，完成曲线修改后单击"确定"按钮完成。

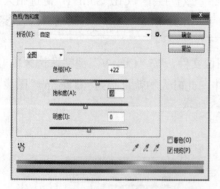
图 1-5-9 "色相/饱和度"对话框

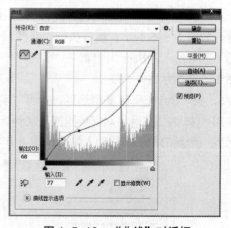
图 1-5-10 "曲线"对话框

9. 执行"图层"—"合并可见图层"命令或按"Ctrl+Shift+E"键，合并图层，再次执行"图像"—"调整"—"色相/饱和度"命令后单击"确定"按钮，如图 1-5-11 所示，得到最终效果如图 1-5-12 所示，保存图像文件"魔法换装.jpg"。

图 1-5-11　"色相/饱和度"对话框　　　　图 1-5-12　最终效果

【相关知识】

色调调整是 Photoshop 的主要功能之一，可以实现对图像的色相、饱和度、亮度、对比度等参数的调整，校正图像中色彩不如意的地方。执行"图像"—"调整"命令，可弹出相应色彩调整的对话框，我们可以根据需要选择色彩调整方法。

1. 色阶：图像的色彩丰满度和精细度由色阶来决定。色阶表示图案明暗信息，与颜色无关。在 Photoshop CS6 菜单栏执行"图像"—"调整"—"色阶"命令（或按快捷键"Ctrl+L"键），打开"色阶"对话框，如图 1-5-13 所示。

（1）预设：在"预设"下拉列表中 Photoshop CS6 自带几个调整预设，可以直接选择该选项对图像进行调整。单击"预设"右侧的按钮，弹出包含存储、载入和删除当前预设选项的下拉列表，可以自定预设选项并进行编辑，如图 1-5-14 至图 1-5-16 所示。

通道：在"通道"下拉列表中可以选择所要进行色调调整的颜色通道；可以分别对每个颜色通道进行调整，也可以同时编辑 2 个单色颜色通道，例如红色通道调整前后效果如图 1-5-17 所示。

（2）输入色阶：通过调整"输入色阶"下方相对应的滑块可以调整图像的亮度和对比度，向左调整滑块可增加图像亮度，反之为降低图像亮度。

（3）输出色阶：在"输出色阶"选项文本框中输入数值或拖动两侧的滑块，可以调整图像整体的亮调和暗调。

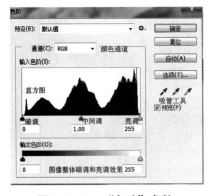

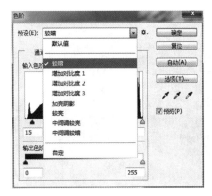

图 1-5-13　"色阶"参数　　　　　　　图 1-5-14　"色阶"预设

图 1-5-15　预设"较暗"

图 1-5-16　预设"较亮"

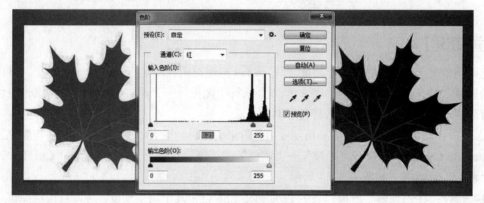
图 1-5-17　通道设置前后对比

（4）吸管工具：包括设置黑场🖉、设置灰场和🖉设置白场🖉吸管工具，图 1-5-18 是用 3 种吸管工具单击图像同一位置得到的效果。

选择设置黑场🖉吸管工具在图像中单击，所单击的点定为图像中最暗的区域，也就是黑色，比该点暗的区域都变为黑色，比该点亮的区域相应地变暗。

选择设置灰场🖉吸管工具在图像中单击，可将图像中的单击选取位置的颜色定义为图像中的偏色，从而使图像的色调重新分布，可以用作处理图像偏色。

选择设置白场🖉吸管工具在图像中单击，所单击的点定义为图像中最亮的区域，也就是说白色比该点亮的区域都变为白色，比该点暗的区域相应地变亮。

图 1-5-18　3 种吸管单击同一位置效果图

（5）自动调整：Photoshop CS6 提供了自动调整色调的功能。单击"色阶"对话框右侧的"选项"按钮，打开"自动颜色校正选项"对话框，更改对话框内的选项设置，可以设置自动校正颜色功能，红色通道调整前后效果如图 1-5-19 所示。

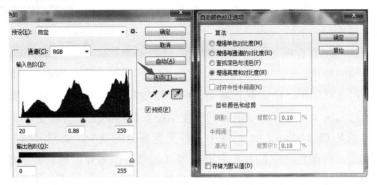

图 1-5-19　"色阶"和"自动颜色校正选项"对话框

2．曲线：曲线也是为了调解图像色调范围的，不同的是色阶只能调整亮部、暗部、中间灰部，而曲线可以调整灰阶曲线上任何一点，可以综合调整图像的亮度、对比度和色彩，使画面色彩显得更为协调。因此，曲线命令实际是 Photoshop CS6"色调""亮度/对比度"设置的综合使用，如图 1-5-20 所示。

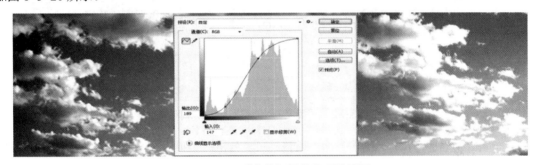

图 1-5-20　"曲线"调整前后效果图

（1）预设：在"预设"下拉列表中，可以选择 Photoshop CS6 提供的一些设置好的曲线。

（2）输入：显示 Photoshop CS6 原来图像的亮度值，与色调曲线的水平轴相同。

（3）输出：显示 Photoshop CS6 图像处理后的亮度值，与色调曲线的垂直轴相同。

（4）"通过添加点来调整曲线"按钮：此工具可在图表中各处添加节点而产生色调曲线。在节点上按住鼠标左键并拖动可以改变节点位置，向上拖动时色调变亮，向下拖动则变暗（如果需要继续添加控制点，只要在曲线上单击即可；如果需要删除控制点，只要拖动控制点到对话框外即可）。

（5）"使用铅笔绘制曲线"按钮：选择该工具后，鼠标指针会变成一个铅笔形状，可以在图标区中绘制所要的曲线。如果要将曲线绘制为一条线段，可以按住"Shift"键，在图表中单击定义线段的端点。按住"Shift"键单击图表的左上角和右下角，可以绘制一条反向的对角线，这样可以将图像中的颜色像素转换为互补色，使图像变为反色；单击"平滑"按钮可以使曲线变得平滑。

（6）光谱条：拖动光谱条下方的滑块，可在黑色和白色之间切换。

3．色彩平衡：使用 Photoshop"色彩平衡"命令可以更改图像的总体颜色混合，并且在暗调区、中间调区和高光区通过控制各个单色的成分来平衡图像的色彩,如图 1-5-21 所示。

按"Ctrl+B"键打开"色彩平衡"对话框(或在 Photoshop CS6 菜单栏中执行"图像"—"调整"—"色彩平衡"命令,也可以打开"色彩平衡"对话框)。

色阶:可将滑块拖向要在图像中增加的颜色,或将滑块拖离要在图像中减少的颜色。

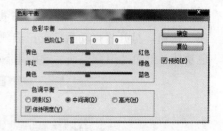

图 1-5-21　"色彩平衡"对话框

色调平衡:通过选择阴影、中间调和高光,可以控制图像不同色调区域的颜色平衡。

保持明度:勾选此选项,可以防止图像的亮度值随着颜色的更改而改变。

"互补色",就是 Photoshop CS6 图像中一种颜色成分的减少,必然导致它的互补色成分的增加,绝不可能出现一种颜色和它的互补色同时增加的情况;另外,每一种颜色可以由它的相邻颜色混合得到(例如,绿色的互补色洋红色由绿色和红色重叠混合而成,红色的互补色青色由蓝色和绿色重叠混合而成)。

4.亮度/对比度:执行"亮度/对比度"命令,可以对图像的亮度和对比度进行直接的调整,与"色阶"命令和"曲线"命令不同的是,"亮度/对比度"命令不考虑图像中各通道颜色,而是对 Photoshop CS6 图像进行整体的调整。打开"亮度/对比度"对话框的命令是"图像"—"调整"—"亮度/对比度",如图 1-5-22 所示。

图 1-5-22　"亮度/对比度"调整前后对比

5.色相/饱和度:执行"图像"—"调整"—"色相/饱和度"命令,可以调整整个图像或图像中单个颜色成分的色相、饱和度和亮度,如图 1-5-23 所示。

全图:选择全图时色彩调整针对整个图像的色彩,也可以为要调整的颜色选取一个预设颜色范围。

色相:调整 Photoshop CS6 图像的色彩。拖动滑块或直接在对应的文本框中输入对应数值进行调整。

饱和度:调整图像中像素的颜色饱和度,数值越高,颜色越浓;反之则颜色越淡。

明度:调整 Photoshop CS6 图像中像素的明暗程度,数值越高,图像越亮;反之则图像越暗。

着色:被勾选时,可以消除图像中的黑白或彩色元素,从而转变为单色调。

(a)原图;　　　　　(b)全图;　　　　　(c)红色

图 1-5-23　色相饱和度调整

【小技巧】以上方法可以对图层或选区进行颜色的调整，通过"图层"面板中"创建新的填充和调整图层"按钮 ，可作用于本图层或全部图层，不会破坏原始图像，便于以后更改。

【任务拓展】调整偏色照片

1．打开素材文件夹中的"偏色照片.jpg"图像文件，拖拽图层到"新建图层"按钮上，将图片复制到一个新图层上。

2．执行"图像"—"调整"—"曲线"命令，打开"曲线"命令面板，单击"在图像中取样以设置黑场"吸管工具，在图像中单击最暗区域，吸取黑场颜色，如图 1-5-24 所示；同样的方式单击"在图像中取样以设置白场"吸管工具，在最亮处吸取颜色，如图 1-5-25 所示；单击"在图像中取样以设置灰场"吸管工具，在中间亮度位置吸取颜色，如图 1-5-26 所示。

3．执行"图像"—"亮度"—"对比度"命令，打开"亮度/对比度"对话框，调整亮度和对比度到适当的位置，观察对比修改前后的效果，如图 1-5-27 所示。

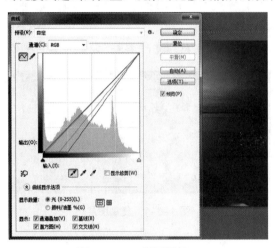

图 1-5-24　设置黑场

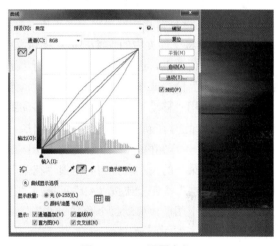

图 1-5-25　设置白场

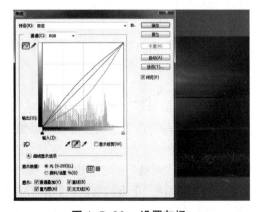

图 1-5-26　设置灰场

图 1-5-27　最终效果

4．保存图片。

任务 6　五彩缤纷的花朵

【任务分析】

本任务通过对图像进行颜色调整，使图像中的花朵颜色在原有的基础上产生不同的颜色，主要运用了"去色""替换颜色""渐变颜色""可选颜色"和"色调均化"等颜色调整命令。

【任务步骤】

1. 启动 Photoshop CS6 软件，执行"文件"—"新建"命令，新建一个"宽度"20 厘米、"高度"15 厘米、"分辨率"为 72 像素 / 英寸、"颜色模式"为 RGB 颜色的文件，按"Alt+Delete"键将背景图层填充为前景色（默认为黑色）。

操作视频

2. 打开素材文件夹中的"菊花 .jpg"图像文件，使用"魔棒工具" ，"容差"设置为 5，在"花朵"外面背景色单击，选择背景颜色，执行"选择"—"反向"命令或按"Ctrl+Shift+I"键，选中"花朵"，用"移动工具"将"花朵"移动到新建文件中，此时在新文件中新建一个图层，执行"编辑"—"自由变换"命令或按"Ctrl+T"键，调整"花朵"的大小和方向。拖拽"花朵"层到"新建图层"按钮上或按"Alt"+拖拽"花朵"，复制多个图层，移动每个图层中"花朵"的位置，如图 1-6-1 所示。

图 1-6-1　复制图层

3. 在"图层"面板中单击选择"图层 1 副本"，执行"图像"—"调整"—"替换颜色"命令，在弹出的对话框中，用吸管工具吸取花朵选区，在"结果"色块中选择粉红后单击"确定"按钮，完成颜色替换，如图 1-6-2 所示。

4. 选择"图层"面板中的"图层 1 副本 2"，执行"图像"—"调整"—"去色"命令，再执行"图像"—"调整"—"曲线"命令，调整去色后花朵的明亮度，如图 1-6-3 所示。

5. 选择"图层"面板中的"图层 1 副本 3"，执行"图像"—"调整"—"渐变映射"命令，在弹出的对话框中单击颜色条，如图 1-6-4 所示。打开"渐变颜色编辑器"选择需要的颜色，确定后花朵的颜色变成渐变色，再次执行"图像"—"调整"—"色阶"命令，调整滑块来调整花朵的明暗度，如图 1-6-5 所示。

6. 选择"图层"面板中的"图层 1 副本 4"，执行"图像"—"调整"—"可选颜色"命令，在弹出的对话框中选择"白"色，分别拖拽"青色""洋红""黄色""黑色"下方的滑块，如图 1-6-6 所示。执行"图像"—"调整"—"亮度 / 对比度"命令，调整图像的亮度和对比度，如图 1-6-7 所示。

7. 选择"图层"面板中的"图层 1 副本 5"，执行"图像"—"调整"—"色调均化"命令，在弹出的对话框中选择"仅色调均化所选区域"选项后确定。

8. 选择"图层"面板中的"图层1副本6",执行"图像"—"调整"—"色彩平衡"命令,在弹出的对话框中加大"黄色"数值到最大,其他颜色调到最小,如图1-6-8所示,若不理想可多次直至达到理想的效果。

图 1-6-2　"替换颜色"对话框

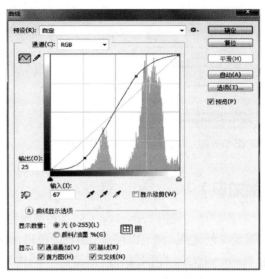

图 1-6-3　"曲线"对话框

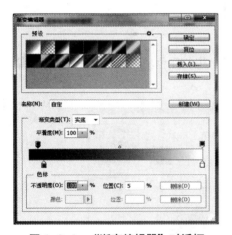

图 1-6-4　"渐变编辑器"对话框

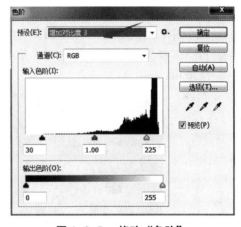

图 1-6-5　修改"色阶"

图 1-6-6　"可选颜色"对话框

图 1-6-7　"亮度/对比度"对话框

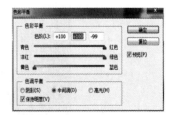

图 1-6-8　"色彩平衡"对话框

9. 选择"图层"面板中的"图层1副本7",执行"图像"—"调整"—"色相/饱和度"命令,在弹出的对话框中分别调整"色相""饱和度""明度"后单击"确定"按钮,如图1-6-9所示。

10. 观察最终效果,合并图层保存文件"五彩缤纷.jpg",如图1-6-10所示。

图1-6-9 "色相/饱和度"对话框

图1-6-10 最终效果

【相关知识】

1. 替换颜色:使用Photoshop CS6 "替换颜色"命令,可以将Photoshop CS6图像中选择的颜色用其他颜色替换,并可以对选中颜色的色相、饱和度、亮度进行调整。

在Photoshop CS6菜单栏执行"图像"—"调整"—"替换颜色"命令,打开"替换颜色"对话框。

默认状态下"吸管"为选中状态,在Photoshop CS6图像窗口中相应的位置单击,选取Photoshop CS6图像中替换的颜色。

向右拖动"颜色容差"选项滑块,扩大颜色的区域,然后使用"添加到取样"工具,在Photoshop CS6图像上多次单击,选取图像颜色。

接着设置"替换"选项区域中的选项,单击"结果"上边的颜色块,设置要替换颜色的结果色,如图1-6-11所示。

图1-6-11 替换颜色修改前后对比

2．渐变映射：使用 Photoshop CS6 的"渐变映射"命令可以对 Photoshop CS6 图像的渐变颜色进行叠加，从而改变图像色彩，如图 1-6-12 所示。将相等的图像灰度范围映射到指定的渐变填充色。如果指定双色渐变填充，Photoshop CS6 图像中的阴影映射到渐变填充的一个端点颜色，高光映射到另一个端点颜色，而中间调映射到两个端点颜色之间的渐变色，如图 1-6-13 所示。

图 1-6-12　"渐变映射"对话框

图 1-6-13　"渐变映射"修改前后对比

3．可选颜色：Photoshop CS6 "可选颜色"命令的作用是选择某种颜色范围进行有针对性的修改，在不影响其他原色的情况下修改图像中的某种彩色的数量，可以用来校正色彩不平衡问题和调整颜色；"可选颜色"命令可以有选择地对 Photoshop CS6 图像某一主色调成分增加或减少印刷颜色的含量，而不影响该印刷色在其他主色调中的表现，从而对颜色进行调整，如图 1-6-14 所示。

图 1-6-14　"可选颜色"修改前后对比

（1）颜色：用来设置 Photoshop CS6 图像中要改变的颜色，单击下拉列表按钮，在弹出的下拉列表中选择要改变的颜色。设置的参数越小，颜色越淡；参数越大，颜色越浓。

（2）方法：用来设置墨水的量，包括相对和绝对 2 个选项。相对是指按照调整后总量的百分比来改现有的青色、洋红、黄色或黑色的量，改选项不能调整纯反白光，因为它不包含颜色成分；绝对是指采用绝对值来调整颜色。

4．反相：该命令用于产生原图的负片效果，当执行"图像"—"调整"—"反相"命令后，白色变成黑色，其他的像素点也取其对应值（新像素值 =255- 原像素值）。当冉次使用该命令时图像还原，如图 1-6-15 所示。

5．去色：使图像所有颜色的饱和度为 0，就是将所有演示转化为灰阶值，可以保持图像原来的颜色模式，将彩色变为灰阶图，如图 1-6-16 所示。

图 1-6-15　图像使用"反相"前后效果　　　　图 1-6-16　"去色"使用前后效果

【任务拓展】制作唯美夏季

1．启动 Photoshop CS6 软件，打开素材文件夹中的"森林少女.jpg"图像文件，按"F7"键打开"图层"面板，单击"图层"面板下面"创建新的添加填充调整层"按钮 ，在弹出的菜单中选择"可选颜色"，如图 1-6-17 所示，在"属性"面板中对黄色、绿色进行调整，参数及效果如图 1-6-18、图 1-6-19 所示。

操作视频

  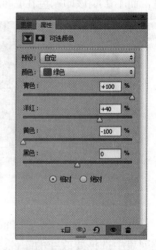

图 1-6-17　创建"可选颜色"　　　图 1-6-18　修改黄色　　　图 1-6-19　修改绿色

2．按"Ctrl + J"键把当前选取颜色调整图层复制一层。

3．创建曲线调整图层，增加 RGB 通道明暗对比，如图 1-6-20 所示；绿通道高光部分稍微压暗，蓝通道高光部分调亮，参数及效果如图 1-6-21 所示，效果如图 1-6-22 所示。

4．按"Ctrl+J"键把当前曲线调整图层复制一层。

5．创建"选取颜色"图层，如图 1-6-23 所示，对白色进行调整，参数及效果如图 1-6-24 所示。

6．按"Ctrl+Alt+2"键调出高光选区，然后创建"色彩平衡调整"图层，对高光进行调整，参数及效果如图 1-6-25 所示。

7．创建"曲线调整"图层，然后按"Ctrl+Alt+2"键调出高光选区，按"Ctrl+Shift+I"键反选得到暗部选区，把 RGB 通道压暗，蓝色通道暗部稍微调亮，参数及效果如图 1-6-26 所示。

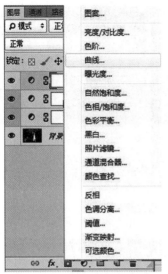

图 1-6-20 创建"曲线"调整图层

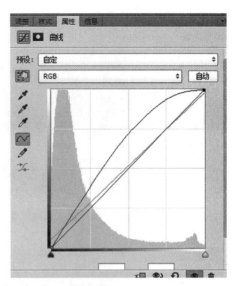

图 1-6-21 修改"曲线"参数

图 1-6-22 "曲线"修改后效果

图 1-6-23 创建"选取颜色"图层

图 1-6-24 修改"可选颜色"属性

项目 1　图形图像处理基础

图 1-6-25 创建"色彩平衡调整"图层修改属性

图 1-6-26 创建"曲线调整"图层修改属性

8. 按"Ctrl + J"键把当前曲线调整图层复制一层。

9. 新建一个新的图层,修改前景色为深蓝色,选择"画笔工具"(后面将详细介绍),调整画笔大小,在新图层中图像下方画一个区域,调整图层的透明度。

10. 再次新建一个图层,修改前景色为浅蓝色,选择"画笔工具",在图像上方绘出一个椭圆区域,调整图层的透明度。用"套索工具"将图像下方"画"一个区域,修改前景色为深蓝色,按"Shift+F6"键羽化 80 个像素,如图 1-6-27 所示。

图 1-6-27 新建图层绘制暗区和填充

11. 在"图层"面板中选择"背景"层，用"磁性套索工具"将人物选择出来，按"Ctrl+C"键复制该选区，按"Ctrl+V"键粘贴该选区到一个新的图层，移动图层到图层1下方，如图1-6-28所示。

12. 合并图层，调整整个图像的亮度和对比度，保存图像文件"唯美夏季.jpg"，效果如图1-6-29所示。

图 1-6-28　复制图层并移动图层

图 1-6-29　最终效果图

项目评价

本项目主要介绍 Photoshop 软件的界面组成，面板的操作使用方法，新建和打开图像文件，以及如何图像保存文件，对图像文件进行大小、模式、颜色的修改。完成本项目任务后，你有何收获，为自己做个评价吧！

分类＼评价	很满意	满意	还可以	不满意
任务完成情况				
与同组成员沟通及协调情况				
知识掌握情况				
体会与经验				

巩固与提高

【知识巩固】

选择题

（1）Photoshop CS6 存储文件时，要保留图层、通道、路径、蒙版等数据信息，则文件应存储为（　　）格式。

A．JPEG　　　　　　B．PSD　　　　　　C．PNG　　　　　　D．BMP

项目1　图形图像处理基础　33

（2）执行下列哪一个快捷键，可以新建一个图像文件？（　　）

A. Ctrl+O　　　　B. Ctrl+N　　　　C. Ctrl+S　　　　D. Ctrl+X

（3）将前景色填充到当前图层的快捷键是（　　）。

A. Shift+Delete　　B. Ctrl+Delete　　C. Alt+Delete　　D. Ctrl+Alt+Delete

（4）新建图层的快捷键是（　　）。

A. Shift+Ctrl+N　　B. Shift+Ctrl+I　　C. Ctrl+N　　　　D. Ctrl+I

（5）向下合并图层的快捷键是（　　）。

A. Ctrl+I　　　　B. Ctrl+T　　　　C. Ctrl+E　　　　D. Ctrl+L

（6）自由变换的快捷键是（　　）。

A. Ctrl+I　　　　B. Ctrl+T　　　　C. Ctrl+E　　　　D. Ctrl+L

（7）一般在印刷行业使用的图像颜色模式是（　　）。

A. RGB 模式　　　B. Lab 模式　　　C. CMYK 模式　　D. 索引模式

（8）"显示/隐藏"图层面板的快捷键是（　　）。

A. F7　　　　　　B. F8　　　　　　C. F6　　　　　　D. F5

【技能提高】

1. 利用"填充"功能中的"内容识别"将抢镜头的"家伙"去掉（图1-7-1）。

图1-7-1　原图片

提示：用套索工具将"抢镜头"的家伙框选出来，执行"编辑"—"填充"命令，在内容使用中选择"内容识别"，单击"确定"按钮。

2. 为可爱的"小狗"摆个Pose吧，原图片及调整后图片分别如图1-7-2、图1-7-3所示。

图1-7-2　原图片　　　　　　　　　　图1-7-3　调整后图片

提示：本操作可以使用"控制变形"，变形之前最好将背景删除，具体操作是用"魔棒工具"将背景选中，按"Delete"键删除，然后取消选区，之后执行"编辑"—"控制变形"命令。

项目 2　图层操作

学习目标：
- 了解图层的概念
- 认识 Photoshop CS6 的图层面板
- 掌握图层的基本操作
- 理解并掌握图层样式及调整与填充图层的操作
- 了解图层混合模式的应用
- 了解图层过滤器的应用
- 掌握剪贴蒙版的基本操作

任务 1　制作浮雕效果

【任务分析】

在 Photoshop CS6 中，"图层"作为最基础的工具，经常被用于图形图像的制作。但是为什么要应用"图层"？又该如何掌握"图层"的基本操作呢？通过本案例的学习，我们能够掌握"图层"的基本应用。

【任务步骤】

1. 新建一个 600×600 像素的文件，设置好前景色为 #944f11 后，直接按"Alt+Delete"键填充前景色。

2. 打开素材文件夹中的"熊猫.jpg"图像文件，放到背景层上方，并修改图层 1 名称为"熊猫"，如图 2-1-1 所示。

3. 选中"熊猫"图层，用"魔棒工具"选择白色部分，按"Delete"键清除白色背景，如图 2-1-2 所示。

4. 复制"熊猫"图层，如图 2-1-3 所示。

操作视频

【小技巧】复制图层可用快捷键："Ctrl+J"。

5. 按住"Ctrl"键的同时单击"熊猫 副本"缩览图，载入选区，填充白色（按"Alt+Delete"键），如图2-1-4所示。

图2-1-1 导入熊猫图片

图2-1-2 清除白色背景

图2-1-3 复制"熊猫"图层

图2-1-4 "熊猫副本"为白色

6. 按住"Ctrl"键选中"熊猫"和"熊猫 副本"图层，修改模式为"柔光"，如图2-1-5所示。
7. 方向键向下按1下，将选区内容向下移动，如图2-1-6所示。
8. 方向键向下按2下，出现雕刻效果，程度自由把握，如图2-1-7所示。
9. 继续调整色相对比度达到满意效果，如图2-1-8所示，保存图像文件。

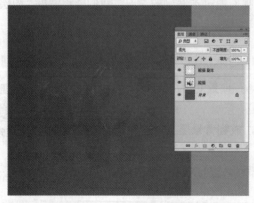

图2-1-5 "柔光"模式

图2-1-6 按1下的效果

图 2-1-7　按 2 下的效果

图 2-1-8　最终雕刻效果

【相关知识】

1．图层的概念和分类

图层是 Photoshop 中很重要的一部分。那么，究竟什么是图层呢？它有什么意义和作用呢？

比如我们在纸上画一个人脸，先画脸庞，再画眼睛，然后画嘴。画完以后，发现眼睛的位置歪了一点。我们就只能把眼睛擦除掉重新画，并且要对脸庞做一些相应的修补。这当然很不方便。在设计的过程中也是这样，很少有一次成型的作品，常常是经历若干次修改以后才能得到比较满意的效果。

那么想象一下，如果我们不是直接画在纸上，而是先在纸上铺一层透明的塑料薄膜，把脸庞画在这张透明薄膜上，画完后再铺一层薄膜画眼睛，最后铺一张画嘴。如图 2-1-9 所示，将脸庞、眼睛、嘴分为 3 个透明薄膜层，最后组成的效果。这样完成之后的成品，与先前那幅在视觉效果上是一致的。

图 2-1-9　图层原理说明图

虽然视觉效果一致，但分层绘制的作品具有很强的可修改性，如果觉得眼睛的位置不对，可以单独移动眼睛所在的那层薄膜以达到修改的效果。甚至可以把这张薄膜丢弃重新画眼睛。而其余的脸庞、嘴等部分不受影响，因为它们被画在不同层的薄膜上。这种方式极大地提高了后期修改的便利度，最大可能地避免重复劳动。因此，将图像分层制作是明智的。在 Photoshop 中可以使用类似这样的"透明薄膜"（称为图层）来处理图像。

2．图层的基本操作

"图层"面板主要用来管理图像文件中的图层、图层组合、图层效果，以方便用户对图像进行处理操作。在 Photoshop 中，大部分与图层相关的操作都需要在"图层"面板中进行。首先来认识一下"图层"面板的组成。

打开附盘中"项目 5\案例素材 \5-1\ 素材"目录下名为"图层面板说明图 .psd"的文件，其画面效果及"图层"面板如图 2-1-10 所示。

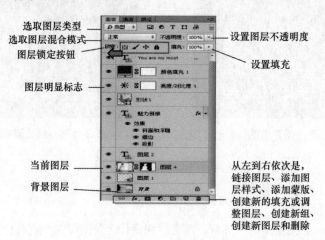

图 2-1-10 "图层"面板

"图层"面板中的常用操作包括：

（1）新建图层：单击"图层"面板底部的"创建新图层"按钮 ，可在当前图层上方新建一个普通图层。

（2）选择图层：单击某个图层可将其选中；按住"Ctrl"键一次单击，可同时选中多个不连续的图层；要选择多个连续的图层，可在按住"Shift"键的同时单击首尾 2 个图层。

（3）重命名图层：双击图层名称，使其成可编辑状态，然后输入新名称即可。

（4）复制图层：复制图像时将同时复制图层。另外，将要复制的图层选中，然后拖至图层面板底部的"创建新图层"按钮 上，也可复制图层。

（5）删除图层：选中要删除的图层，在所选图层上右击，从弹出的快捷菜单中选择"删除图层"，或者直接把所选图层拖到图层面板下方的"删除图层"按钮 上。

（6）调整图层顺序：选中要调整顺序的图层，将其拖到目标位置即可。

（7）锁定图层：单击"图层"面板上方的"锁定"按钮 之一将某些图层锁定，使其在编辑时，避免受某些图层上图像的影响。"锁定"按钮从左到右依次为锁定透明像素、锁定图像像素、锁定位置、锁定全部。

（8）隐藏 / 显示层中的对象：图层左侧"显示" 图标表示图层中的对象可见，单击该图标可隐藏图层中的对象，再次单击可重新显示对象。

合并图层：指将 2 个或 2 个以上的图层合并为一个图层。方法是选定要合并的图层后右击，在弹出的快捷菜单中选择"合并图层"选项；也可在选择要合并的图层后直接按"Ctrl+E"组合键（合并所选的全部图层）；如果按"Ctrl+Shift+E"键，则无论是否选择图层，都会将当前所有可见图层合并。

图层组：当图层很多时，可对同类图层进行编组。创建图层组方法：单击"图层"面板底部的"创建新组"按钮 。

3．图层的类型

（1）背景图层：在 Photoshop 中，一个图像文件中只有一个背景图层，背景图层具有永远都在最下层、无法移动其内的图像、不能包含透明区域、无法应用该图层样式和蒙版，以及可以在其上进行填充或绘画等特点。背景图层可以与普通图层进行相互转换，但无法交换堆叠次序。

（2）普通图层：Photoshop 中最常用、最基本的图层。为方便编辑图像，常需要创建普通图层，并将图像的不同部分放置在不同的图层中。

（3）文字图层：用来存放文本，使用文字工具创建文本时自动创建的图层。

（4）形状图层：利用形状工具绘制形状时自动创建的图层。

（5）调整图层和填充图层：用来无损调整该图层下方图层的色调、色彩和填充。

（6）蒙版图层：在图像中，图层蒙版中颜色的变化使其所在图层的相应位置产生透明效果。其中，该图层中与蒙版的白色部分相对应的图像不产生透明效果，与蒙版的黑色部分相对应的图像完全透明，与蒙版的灰色部分相对应的图像根据其灰度产生相应程度的透明。

（7）效果图层："图层"面板中的图层应用图层效果（如阴影、投影、发光、斜面和浮雕以及描边等）后，右侧会出现一个（效果层）图标 ，此时，这一图层就是效果图层。

【任务拓展】制作邮票

1. 打开素材文件夹中的"鲜花.jpg"图像文件，设置前景色为白色，选择工具箱中的"画笔工具" ，在工具属性栏中设置画笔"大小"为 19 像素，"硬度"为 100%。再打开"画笔"调板，选择"画笔笔尖形状"分类，设置"间距"为 150%，如图 2-1-11 所示。

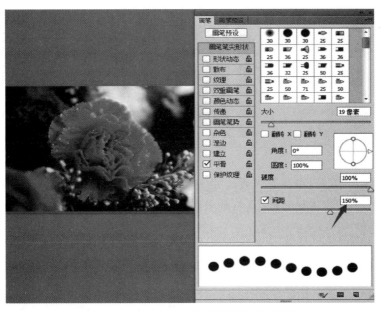

图 2-1-11　打开文件及设置画笔笔尖形状

2. 单击"图层"面板底部的"创建新图层"按钮 ，在"图层"面板中新建"图层 1"，然后在图像窗口中按住"Shift"键并拖动鼠标，绘制 4 条点状直线，如图 2-1-12 所示。

项目 2　图层操作 | 39

图 2-1-12 绘制点状直线

3. 在图像窗口中创建矩形选区,注意选区的边框正好在点状边框的中间位置,并将选区填充为白色,如图 2-1-13 所示。

4. 在图像白色区域内部再次创建矩形选区,如图 2-1-14 所示。在"图层"面板中选择"背景"图层,按"Ctrl+J"键将选区内的图像复制为"图层 2",如图 2-1-15 所示。

5. 按住鼠标左键不放,将"图层 2"拖到"图层 1"的上方并释放鼠标左键,此时图像效果如图 2-1-16 所示。

图 2-1-13 填充选区为白色

图 2-1-14 绘制矩形选区

图 2-1-15 "图层 2"

图 2-1-16 交换"图层 1"和"图层 2"的位置

6. 长按工具箱中的"文字工具" T ,选择"直排文字工具" IT ,在工具属性栏中设置字体为黑体,字号为 18,字体颜色为白色,如图 2-1-17 所示。

图 2-1-17 设置文字属性

7. 在图像适当位置输入文字"中国邮政",按"Ctrl+Enter"组合键确认,此时系统会自动在"图层"面板中新建一个名为"中国邮政"的文字图层,如图 2-1-18 所示。

8. 参照步骤 7 在图像窗口中输入文字"60 分",此时系统会自动在"图层"面板中新建一个名为"60 分"的文字图层,如图 2-1-19 所示。

9. 按住"Shift"键单击"图层 1",同时选中"60 分""图层 1"之间的所有图层,然后执行"图层"—"合并图层"命令,合并后的图层名为"60 分",如图 2-1-20 所示。

图 2-1-18 生成"中国邮政"文字图层

图 2-1-19 创建"60 分"文字图层

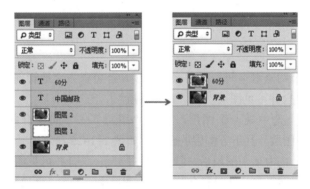

图 2-1-20 合并图层

【小技巧】合并选中的图层,可用快捷键"Ctrl+E"。

10. 按"Ctrl+A"键全选"60 分"图层中的图像,然后按"Ctrl+C"组合键复制"60 分"图层中的图像。打开配套素材文件夹中的"邮票背景 .psd"图像文件,按"Ctrl+V"键,将图像粘贴到该图像窗口中,如图 2-1-21 所示。

11. 按"Ctrl+T"键,将"60 分"邮票缩小到合适大小,并修改"图层 1"名字为"60 分",降低"不透明度"为 80%,然后移动"60 分"图层到"80 分"图层下方。接着按"Ctrl+T"键,将图像略微旋转并移动到合适位置,最终效果图像和"图层"面板如图 2-1-22 所示。

图 2-1-21　复制、粘贴图像

图 2-1-22　最终图像效果及"图层"面板

【相关知识】

图层的并合

合并图层不仅可以节约磁盘空间、提高操作速度，还可以方便地管理图层。图层的合并主要包括"向下合并图层""合并可见图层"和"盖印图层"。

（1）向下合并图层：选中某一个图层，执行"图层"—"向下合并"命令（或按快捷键"Ctrl+E"），即可完成图层及其下方图层的合并，如图 2-1-23 所示。

（2）合并可见图层：选中某个图层后，执行"图层"—"合并可见图层"命令（或按快捷键"Shift+Ctrl+E"），即可将所有可见图层合并在一个图层中，如图 2-1-24 所示。

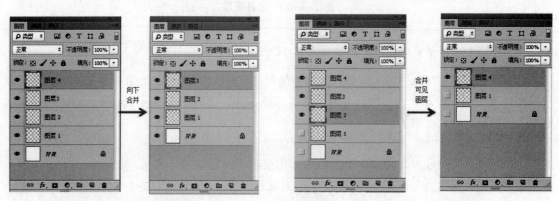

图 2-1-23　向下合并图层　　　　　　　　　图 2-1-24　合并可见图层

（3）盖印图层：盖印图层可以将多个图层内容合并为一个目标图层，同时使其他图层保持完好，按"Shift+Ctrl+Alt+E"组合键可盖印所有可见图层，如图 2-1-25 所示。

【小技巧】按"Ctrl+Alt+E"组合键可以盖印多个选定图层。此时，在所选图层的上面会出现它们的合并图层，且原图层保持不变，如图 2-1-26 所示。

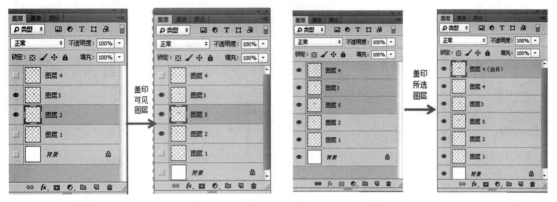

图 2-1-25　盖印图层　　　　　　　　　图 2-1-26　盖印所选图层

任务 2　制作燃烧效果字

【任务分析】

"图层样式"是制作图形效果的重要手段之一。它能够通过简单的操作，迅速将平面图形转化为具有材质和光影效果的立体图形。本任务通过对文字应用"图层样式"来打造火焰字效果。

【任务步骤】

操作视频

1. 新建一个 800×600 像素的文档（大小可以自定），背景填充黑色。选择"文字工具"，输入所需文字（字体选稍粗一点的），字体颜色为白色，如图 2-2-1 所示。

图 2-2-1　新建文件

2. 双击"图层"面板文字缩略图调出"图层样式"，先设置"投影"参数，如图 2-2-2 所示，"颜色"设置为黑色。

3. 设置"斜面和浮雕"效果："高光"及"阴影"颜色为默认的白黑，如图 2-2-3 所示。

4. 设置"纹理"效果：图案选择 Photoshop 自定的云彩图案，参数设置如图 2-2-4 所示。

5. 设置"颜色叠加"："颜色"设置为 #010101，"不透明度"设置为 100%，如图 2-2-5 所示。

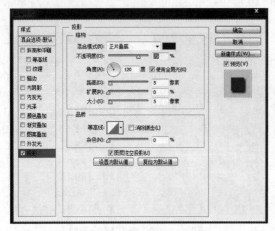

图 2-2-2　设置"投影"参数

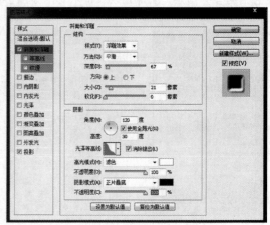

图 2-2-3　"斜面和浮雕"参数

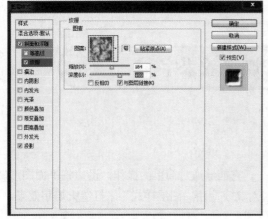

图 2-2-4　"纹理"参数

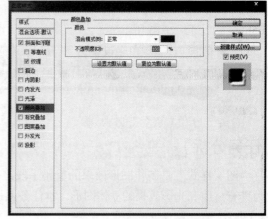

图 2-2-5　"颜色叠加"参数

6. 样式设置好后单击"确定"按钮，然后把图层"填充"设置为 0%，如图 2-2-6 所示，这样就得到了烟雾底纹。

7. 按"Ctrl+J"键把当前"文字"图层复制一层，在文字缩览图上右击选择"清除图层样式"，单击"确定"按钮后把文字往左上角移动数个像素，如图 2-2-7 所示。

图 2-2-6　烟雾底纹效果

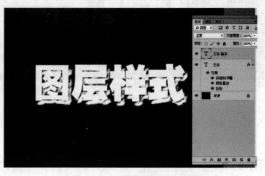

图 2-2-7　清除副本图层样式

8. 双击"文字副本"图层，调出"图层样式"对话框。先设置"内阴影"参数，如图 2-2-8 所示，其中的"颜色"数值为 #010101。

9. "内发光"："颜色"设置为 #fdfdfd，其他设置如图 2-2-9 所示。

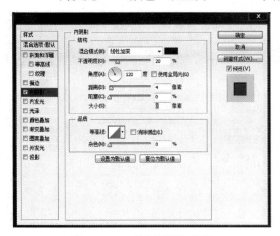
图 2-2-8 "内阴影"参数

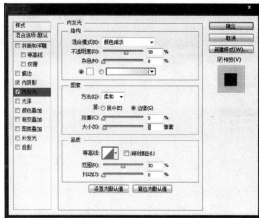
图 2-2-9 "内发光"参数

10. "斜面和浮雕"："方法"选择"雕刻清晰"，"高光"颜色为白色，"阴影"颜色为 #5b5b5b，如图 2-2-10 所示。

11. "光泽"："颜色"设置为 #fcfcfc，其他设置如图 2-2-11 所示。

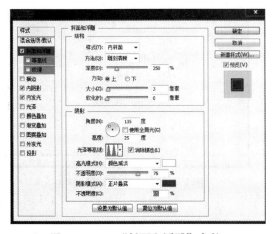
图 2-2-10 "斜面和浮雕"参数

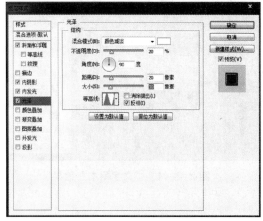
图 2-2-11 "光泽"参数

12. "颜色叠加"："混合模式"为"变亮"，"颜色"为 #f3d209，如图 2-2-12 所示。

13. "图案叠加"：图案选择同样的云彩，如图 2-2-13 所示。

14. 单击"确定"按钮后把"填充"改为 0%，如图 2-2-14 所示。

15. 按"Ctrl+J"键把当前图层复制一层，清除图层样式后再重新设置图层样式，先设置"内阴影"参数，"颜色"为 #040404，如图 2-2-15 所示。

16. "斜面和浮雕"："高光"颜色为 #fdfbd5，"阴影"颜色为 #010101，其他设置如图 2-2-16 所示。

17. "颜色叠加"：选择白色，"混合模式"为"点光"，"不透明度"为 30%，如图 2-2-17 所示。

18. "渐变叠加": 渐变设置如图 2-2-18 所示, "颜色"由 #ed9a0c 至 #070707。
19. "描边": 渐变设置如图 2-2-19 所示, "颜色"由 #a5a5a3 至 #14121d。

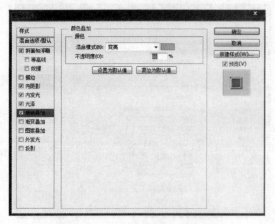

图 2-2-12 "颜色叠加"参数

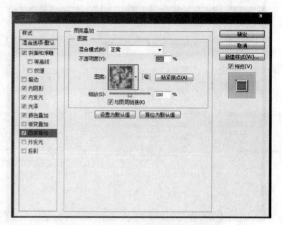

图 2-2-13 "图案叠加"参数

图 2-2-14 "文字副本"效果

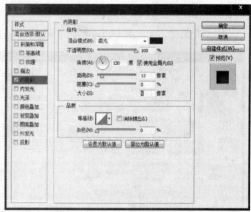

图 2-2-15 "内阴影"参数

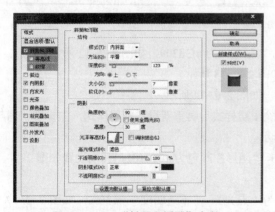

图 2-2-16 "斜面和浮雕"参数

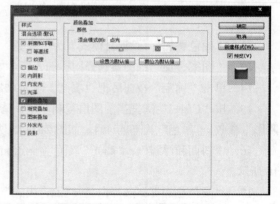

图 2-2-17 "颜色叠加"参数

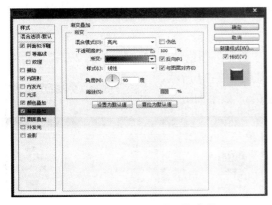

图 2-2-18 "渐变叠加"参数

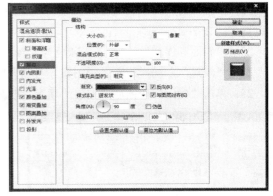

图 2-2-19 "描边"参数

20. 单击"确定"按钮后把图层混合模式改为"正片叠底","填充"改为 0%,如图 2-2-20 所示。

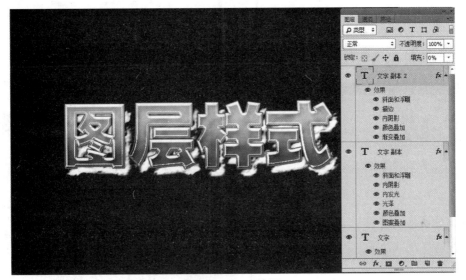

图 2-2-20 效果

21. 按"Ctrl+J"键把当前图层复制一层,清除图层样式后再设置图层样式。先设置"投影","颜色"选用白色,其他设置如图 2-2-21 所示。

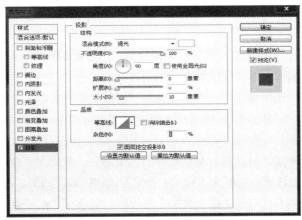

图 2-2-21 "投影"参数

项目 2 图层操作 | 47

22. "外发光":最为关键的设置,"混合模式"为"线性光","颜色"设置为#ffad01,其他设置如图2-2-22所示。

23. "斜面和浮雕":"高光"颜色为#ffa001,"阴影"颜色为#901e04,如图2-2-23所示。

24. "纹理":同样旋转云彩图案,参数设置如图2-2-24所示。

25. 单击"确定"按钮后把图层"填充"改为0%,效果如图2-2-25所示。

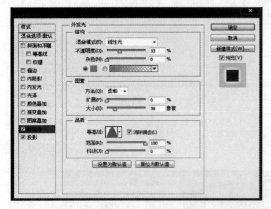

图2-2-22 "外发光"参数

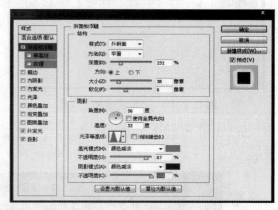

图2-2-23 "斜面和浮雕"参数

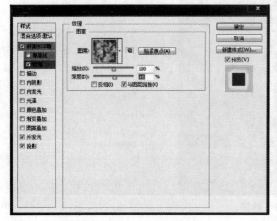

图2-2-24 "纹理"参数

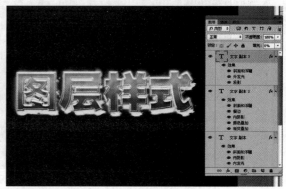

图2-2-25 最终效果

【相关知识】

1. 添加图层样式

Photoshop提供了投影和内阴影、外发光和内发光、斜面和浮雕、光泽、颜色叠加、描边等图层样式,利用它们可以制作出很多特殊图像。

如果要为图形添加"图层样式",需要先选中"图层",然后单击"图层"面板下方的"添加图层样式"按钮 fx.,如图2-2-26所示。在弹出的菜单中,选择一个效果命令,如图2-2-27所示。

此时将弹出"图层样式"对话框。对话框分为3个部分:左侧为"样式"选择区域;中间为相应"样式"的参数设置区域;右侧为"样式"预览及确定区域,如图2-2-28所示。

选择左侧"样式"列表框内的"渐变叠加"复选框,切换至"渐变叠加"的参数设置面板,如图 2-2-29 所示。通过选择"预览"复选框，可以对添加"图层样式"前后的效果进行对比。单击"确定"按钮，即可为选择的图层添加"渐变叠加"效果。

图 2-2-26　单击"添加图层样式"按钮

图 2-2-27　选择一个效果命令

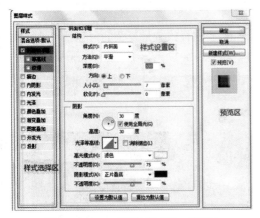

图 2-2-28　"图层样式"对话框

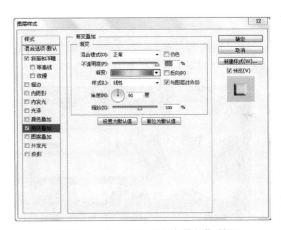

图 2-2-29　设置"渐变叠加"效果

添加"图层样式"还有其他 3 种方式，具体操作方法如下：

执行"图层"—"图层样式"—"混合选项"命令，将弹出"图层样式"对话框。

双击需要添加图层样式图层的空白处，将弹出"图层样式"对话框。

在需要添加图层样式的图层上右击，在弹出的快捷菜单中选择"混合选项"命令，将弹出"图层样式"对话框。

2．图层样式的种类

（1）"投影"和"内阴影"：利用"投影"样式可以模拟不同角度的光源，给图层内容添加一种阴影效果，使平面的图像从视觉上产生浮起来的立体感，如图 2-2-30 所示；利用"内阴影"样式可以在图像内部添加阴影效果，如图 2-2-31 所示。

图 2-2-30　"投影"

图 2-2-31　"内阴影"

（2）"外发光""内发光"和"光泽"：利用"外发光"或"内发光"样式可在图像外侧或内侧边缘产生发光效果利用"光泽"样式可在图像的内侧添加柔和的内阴影，如图2-2-32、图2-2-33所示。

图 2-2-32 "外发光"

（a）内发光； （b）光泽

图 2-2-33 "内发光"和"光泽"

（3）"斜面和浮雕"："斜面和浮雕"样式是 Photoshop 图层样式中最复杂的，包括"外斜面""内斜面""浮雕效果""枕状浮雕"等，如图2-2-34至图2-2-37所示。

图 2-2-34 "外斜面"

图 2-2-35 "内斜面"

图 2-2-36 "浮雕效果"

图 2-2-37 "枕状浮雕"

（4）"叠加"样式和"描边"样式："叠加"和"描边"实际上是向图层内容填充颜色、渐变色或图案等，或为图层内容增加一个边缘，如图2-2-38至图2-2-41所示。

图 2-2-38 "图案叠加"

图 2-2-39 "渐变叠加"

图 2-2-40 "颜色叠加"

图 2-2-41 "描边样式"

3．使用内置样式

Photoshop CS6 的"样式"面板列出了一组内置样式，让用户可以快速为图层设置各种特殊效果。

操作方法：首先选择要添加样式的图层，执行"窗口"—"样式"命令，打开"样式"面板，在其中单击要应用的样式，即可将其添加到所选图层上，如图 2-2-42 所示。

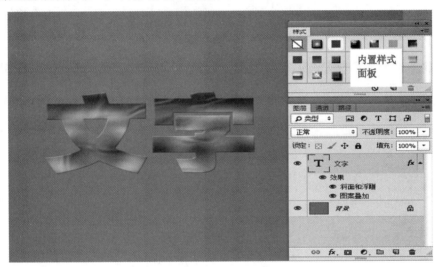
图 2-2-42　应用系统内置样式

要将自定义的样式保存在"样式"面板中，可选中添加样式的图层，然后将光标移至"样式"面板空白处，当光标呈油漆桶形状 时单击，在弹出的"新建样式"对话框中输入样式名称，单击"确定"按钮即可。

【任务拓展】制作多彩荧光字

1．打开素材文件夹中的"1.jpg"图像文件，使用"横排文字工具" ，输入"DREAM"，并且设置字符面板中文字的字体和字号，如图 2-2-43 所示。

2．为文字添加图层样式。选择文字图层，执行"图层"—"图层样式"—"内阴影"命令，参数设置如图 2-2-44 所示。

操作视频

3．设置"外发光"效果，参数设置如图 2-2-45 所示。

4．设置"内发光"效果，参数设置如图 2-2-46 所示。

5. 设置"斜面和浮雕"效果,参数设置如图 2-2-47 所示。
6. 设置"光泽"效果,参数设置如图 2-2-48 所示。

图 2-2-43 输入"DREAM"

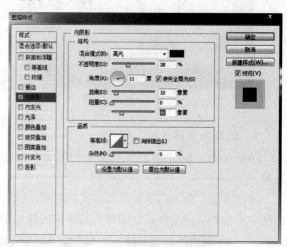

图 2-2-44 "内阴影"参数

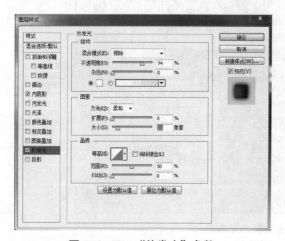

图 2-2-45 "外发光"参数

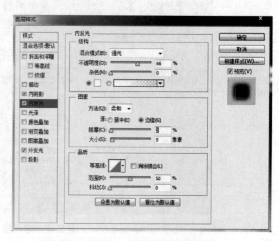

图 2-2-46 "内发光"参数

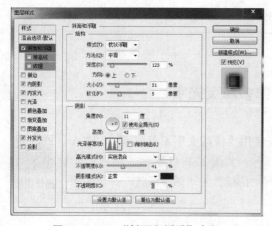

图 2-2-47 "斜面和浮雕"参数

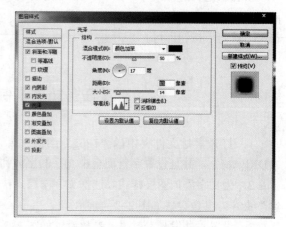

图 2-2-48 "光泽"参数

7. 设置"渐变叠加"效果,参数设置如图 2-2-49 所示。
8. 用同样的方法制作另一组文字,最终效果如图 2-2-50 所示,保存图像文件。

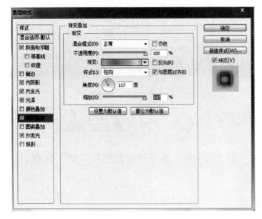

图 2-2-49　"渐变叠加"参数

图 2-2-50　最终效果

【相关知识】

"图层样式"修改和编辑

(1) 显示与隐藏图层样式:在"图层"面板中,效果前面的眼睛图标用来控制效果的可见性,如图 2-2-51 所示;如果要隐藏一个效果,可以单击该效果名称前的眼睛图标,如图 2-2-52 所示;如果要隐藏一个图层中的所有效果,可单击该图层"效果"前的眼睛图标,如图 2-2-53 所示。

图 2-2-51　"图层样式"效果

图 2-2-52　隐藏一个效果

图 2-2-53　隐藏所有效果

(2) 修改与删除图层样式:添加"图层样式"后,在"图层"面板的相应图层中会显示"效果"图标 fx 。在添加的图层样式名称上双击,可以再次打开"图层样式"对话框,对参数进行修改。

如果要删除一个图层样式效果,将它拖动到"图层"面板下方的 🗑 按钮上即可。

(3) 复制与粘贴图层样式:在添加了图层样式的图层上右击,在弹出的快捷菜单中选择"拷贝图层样式"命令,如图 2-2-54 所示。然后在需要粘贴的图层上右击,在弹出的快捷菜单中选择"粘贴图层样式"命令,如图 2-2-55 所示,即可完成复制、粘贴图层样式操作。

【小技巧】按住"Alt"键不放,将"效果"图标 fx 从一个图层拖动到另一个图层,可以将该图层所有的效果都复制到目标图层。如果只需要复制一个效果,可以按住"Alt"键的同时拖动该效果的名称至目标图层。

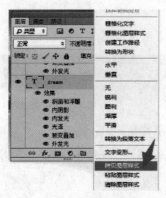
图 2-2-54　选择"拷贝图层样式"命令

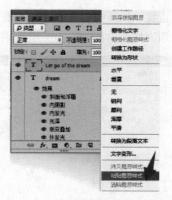
图 2-2-55　选择"粘贴图层样式"命令

任务 3　制作草地文字

【任务分析】

在 Photoshop CS6 中，通过图层混合模式，可以更好地控制图层之间颜色的融合。本任务将使用图层混合模式中常用的"正片叠底"制作"草地文字"。

【任务步骤】

1. 启动 Photoshop CS6 软件，新建"宽度"为 600 像素、"高度"为 600 像素、"分辨率"为 72 像素 / 英寸、"颜色模式"为 RGB 颜色、"背景内容"为白色的画布，并存储为图像文件"草地文字 .psd"。

操作视频

2. 打开素材文件夹中的图片"草地 .jpg"图像文件，将其移动到新建的画布中，并移动至合适的位置。

3. 选择"横排文字工具" T.，在画布中创建文字"平面设计"，设置字体为方正黑体简体、字号为 90 点，消除锯齿方法为浑厚，如图 2-3-1 所示。

图 2-3-1　文字工具栏

4. 设置前景色为草绿色 #6b9117，为文字填充前景色。效果如图 2-3-2 所示。

【小技巧】设置好前景色后，按"Alt+Delete"组合键可为文字填充前景色。

5. 选中文字图层，在"图层"面板中单击"图层混合模式"下拉按钮，如图 2-3-3 所示，在弹出的下拉列表中选择"正片叠底"，如图 2-3-4 所示。此时文字图层的效果将发生变化，如图 2-3-5 所示。

图 2-3-2 填充前景色

图 2-3-3 "图层混合模式"下拉按钮

图 2-3-4 "正片叠底"模式

图 2-3-5 "正片叠底"效果

6. 选中文字图层，右击选择执行下拉菜单中的"栅格化文字"命令。

7. 调出文字定界框，定界框上右击，在弹出的快捷菜单中选择"透视"命令，调整文字样式，效果如图 2-3-6 所示。

【小技巧】按"Ctrl+T"键调出定界框。

双击"平面设计"文字图层，在弹出的"图层样式"对话框中选择"内阴影"复选框，单击"确定"按钮。然后调整图层"不透明度"为 60%，效果如图 2-3-7 所示。

图 2-3-6 透视效果

图 2-3-7 最终效果

【相关知识】

1. 认识图层混合模式

Photoshop 中使用图层混合模式，可以对多个图层进行颜色的融合。常用的图层混合模式有"正片叠底""叠加""滤色"等。混合模式常用于控制上下两个图层在叠加时所显示的整体效果。

2. 正片叠底

"正片叠底"是 Photoshop CS6 中最常用的图层混合模式之一，设置"正片叠底"模式后，将会得到较暗的图像。并且，在"正片叠底"模式下，任何颜色与黑色混合产生黑色，如图 2-3-8 所示；与白色混合保持不变，如图 2-3-9 所示；与其他颜色混合会得到较暗的图像，如图 2-3-10 所示。

因此，在进行图像混合时，常用"正片叠底"来添加阴影或保留图像中较深的部分，图 2-3-11 所示的"杯子"，就是应用"正片叠底"模式制作的。

图 2-3-8　黑色背景　　　　　图 2-3-9　白色背景　　　　　图 2-3-10　红色背景

"正常"模式下的杯子　　　　　　"正片叠底"模式下的杯子

图 2-3-11　杯子

【任务拓展】制作多彩唇色

操作视频

1. 打开素材文件夹中的"zuichun.jpg"图像文件，按"Ctrl+J"键复制背景图层，得到"图层1"，设置"图层1"的混合模式为"叠加"，如图 2-3-12 所示。

2. 执行"滤镜"—"其他"—"高反差保留"命令，在"高反差保留"对话框中设置"半径"为 3 像素，单击"确定"按钮，得到图 2-3-13 所示效果。

3. 新建一个图层，设置渐变颜色如图 2-3-14 所示，并给"图层2"填充渐变色，效果如图 2-3-15 所示。

4. 将"图层2"的混合模式设置为"颜色"，用"橡皮擦工具"擦除多余渐变色，得到最终效果如图 2-3-16 所示。

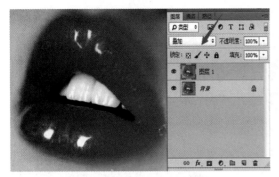
图 2-3-12 "叠加"模式

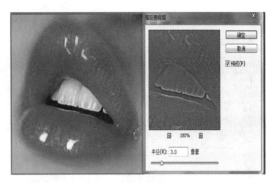
图 2-3-13 "高反差保留"对话框

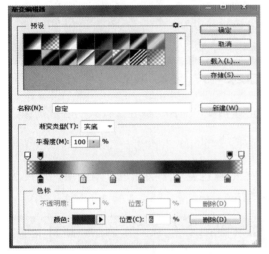
图 2-3-14 设置渐变色

图 2-3-15 填充渐变

图 2-3-16 多彩唇色效果

【相关知识】

将混合模式按照下拉菜单中的分组来将它们分为不同类别：变暗模式、变亮模式、饱和度模式、差集模式和颜色模式，如图 2-3-17 所示。

1. "叠加"："叠加"是"正片叠底"和"滤色"的组合模式。采用此模式合成图像时，图像的中间色调会发生变化，高色调和暗色调区域基本保持不变，如图2-3-18所示。

图2-3-17 图层混合模式　　　　　　　图2-3-18 "叠加"模式

2．"滤色"："滤色"模式与"正片叠底"模式正好相反，应用"滤色"模式的合成图像，其结果色将比原有颜色更淡，如图2-3-19所示。

3．其他图层混合模式。

（1）"正常"：默认的混合模式，用当前图层像素的颜色叠加下层颜色。当图层的高度为100%时，显示最顶层图层像素的颜色，如图2-3-20所示。

图2-3-19 "滤色"模式　　　　　　　图2-3-20 "正常"模式

（2）"溶解"：编辑或绘制每个像素使其成为结果色。根据像素位置的不透明度，结果色由基色或混合色的像素随机替换，如图2-3-21所示。

（3）"变暗"：在混合时将绘制的颜色与底色之间的亮度进行比较，亮于底色的颜色都被替换，暗于底色的颜色保持不变，如图2-3-22所示。

（4）"颜色加深"：用于查看每个通道的颜色信息，通过像素对比度，使底色变暗，从而显示当前图层的绘图色，如图2-3-23所示。

图 2-3-21　不同透明度下的"溶解"模式

图 2-3-22　"变暗"模式　　　　　　　　图 2-3-23　"颜色加深"模式

（5）"线性加深"：与颜色加深模式一样可用于查看每个通道的颜色信息，但不同的是它是通过降低其亮度使底色变暗来反衬当前图层颜色的，如图 2-3-24 所示。

（6）"深色"模式和"浅色"模式：二者模式相反，分别如图 2-3-25、图 2-3-26 所示。

（7）"变亮"："变亮"模式选择"基色"或"混合色"中较亮的颜色作为"结果色"。比"混合色"暗的像素被替换，比"混合色"亮的像素不变。在这种与"变暗"模式相反的模式下，较淡的颜色区域在最终的"合成色"中占主要地位。较暗区域并不出现在最终的"合成色"中，如图 2-3-27 所示。

图 2-3-24　"线性加深"模式　　　　　　　图 2-3-25　"深色"模式

图 2-3-26 "浅色"模式

图 2-3-27 "变亮"模式

（8）"颜色减淡"：在此模式下，可查看每个通道中的颜色信息。通过增加对比度来使底色变亮，从而显示当前图层的颜色，如图 2-3-28 所示。

（9）"线性减淡（添加）"：在"线性减淡"模式中，查看每个通道中的颜色信息，并通过增加亮度使基色变亮以反映混合色，如图 2-3-29 所示。但是可不要与黑色混合，那样是不会发生变化的。

图 2-3-28 "颜色减淡"模式

图 2-3-29 "线性减淡（添加）"模式

（10）"柔光"："柔光"模式会产生一种柔光照射的效果，此模式是根据图像的明暗程度来决定图像的最终效果是变亮还是变暗，如图 2-3-30 所示。

（11）"强光"：此模式能产生强光照射图像的效果，也是根据图像的明暗程度来决定图像是变亮还是变暗，如图 2-3-31 所示。

图 2-3-30 "柔光"模式

图 2-3-31 "强光"模式

（12）"亮光"：通过增加或减小对比度来加深或减淡颜色，具体取决于混合色。如果混合色（光源）比 50% 灰色亮，则通过减小对比度使图像变亮；如果混合色比 50% 灰色暗，则通过增加对比度使图像变暗，如图 2-3-32 所示。

（13）"线性光"：通过减小或增加亮度来加深或减淡颜色，具体取决于混合色。如果混合色（光源）比 50% 灰色亮，则通过增加亮度使图像变亮；如果混合色比 50% 灰色暗，则通过减小亮度使图像变暗，如图 2-3-33 所示。

图 2-3-32　"亮光"模式　　　　　　　图 2-3-33　"线性光"模式

（14）"点光"：此模式就是替换颜色，具体取决于"混合色"。如果"混合色"比 50% 灰色亮，则替换比"混合色"暗的像素，而不改变比"混合色"亮的像素；如果"混合色"比 50% 灰色暗，则替换比"混合色"亮的像素，而不改变比"混合色"暗的像素。这对于向图像添加特殊效果非常有用，如图 2-3-34 所示。

（15）"实色混合"：将 2 个图层叠加，且当前图层产生很强的硬边性边缘，如图 2-3-35 所示。

（16）"差值"：将当前图层的颜色与其下方图层颜色的亮度进行对比，用较亮颜色的像素值减去较暗颜色的像素值，所得差值就是最终效果的像素值，如图 2-3-36 所示。

（17）"排除"：与差值模式类似，但比差值模式的图像效果柔和，如图 2-3-37 所示。

图 2-3-34　"点光"模式　　　　　　　图 2-3-35　"实色混合"模式

图 2-3-36　"差值"模式　　　　　　　图 2-3-37　"排除"模式

项目 2　图层操作

（18）"减去"：用于查看每个通道中的颜色信息，并从基色中减去混合色，如图2-3-38所示。

（19）"划分"：用于查看每个通道中的颜色信息，并从基色中划分混合色，如图2-3-39所示。

图2-3-38　"减去"模式

图2-3-39　"划分"模式

（20）"色相"：此模式只用"混合色"颜色的色相值进行着色，而使饱和度和亮度值保持不变。当"基色"颜色与"混合色"颜色的色相值不同时，才能使用描绘颜色进行着色，如图2-3-40所示。但是要注意的是"色相"模式不能用于灰度模式的图像。

（21）"饱和度"：此模式的作用方式与"色相"模式相似，它只用"混合色"颜色的饱和度值进行着色，而使色相值和亮度值保持不变，如图2-3-41所示。但是，在无饱和度的区域上（也就是灰色区域中）用"饱和度"模式是不会产生任何效果的。

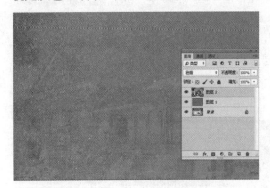

图2-3-40　"色相"模式

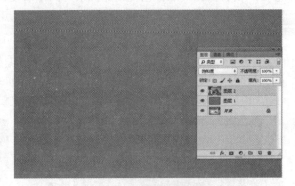

图2-3-41　"饱和度"模式

（22）"颜色"：使用底色的明度及绘图色的色相和饱和度来创建结果色。这可以保护图像的灰色色调，但是混合后的整体颜色由当前色决定，如图2-3-42所示。

（23）"明度"：使用底色的色相和饱和度来创建结果色，如图2-3-43所示。

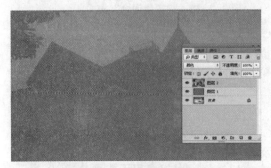

图2-3-42　"颜色"模式

图2-3-43　"明度"模式

任务 4　调整照片色彩

【任务分析】

图像整体较暗,而且对比度也不太明显,可使用调整和填充图层进行处理。与普通色彩、色调和填充命令不同的是,调整和填充层对图像的影响是非破坏性的,不改变源图像。并且,还可随时重新设置调整和填充层的参数,以及开启、关闭或删除调整层等。

【任务步骤】

1. 打开素材文件夹中的"公园一角.jpg"图像文件,单击"图层"面板底部的"创建新的填充或调整图层"按钮 ,打开图 2-4-1 的调整命令列表,执行"亮度/对比度"命令。

操作视频

2. 此时在当前图层上方将新建一个"亮度/对比度"调整层,且弹出"属性"对话框,在此"属性"对话框中设置"亮度/对比度"参数,如图 2-4-2 所示。

图 2-4-1　偏暗图像及调整命令列表

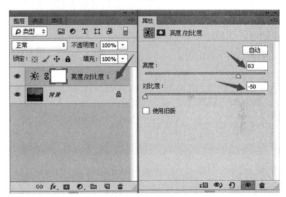

图 2-4-2　"亮度/对比度"调整层及参数设置

3. 再次执行"创建新的填充或调整图层"列表中的"曲线"命令,在"曲线"属性面板中设置参数,如图 2-4-3 所示。此时就创建了一个"曲线"调整层。

4. 执行"创建新的填充或调整图层"列表中的"纯色"命令,弹出"拾色器"(纯色)对话框,如图 2-4-4 所示,将"颜色"设置为绿色(RGB: 29 222 24),单击"确定"按钮,即创建了一个填充层。

5. 将填充层的"不透明度"设为 4%,此时,在"图层"面板中可看到两个调整层和一个填充层,效果如图 2-4-5 所示,可以看到整个图像的明亮度提高了,而且画面中的植物也有了生命力。

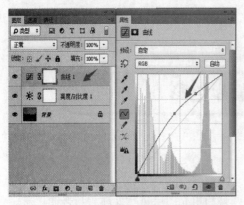

图2-4-3 创建"曲线"调整层及参数设置　　　　图2-4-4 设置填充颜色

图2-4-5 调整后效果和"图层"面板

【相关知识】

调整图层和填充图层

调整图层可将颜色和色调调整应用于图像，而不会永久更改像素值，并且可以通过一次调整来校正多个图层，而不用单独地对每个图层进行调整。也可以随时扔掉更改并恢复原始图像。调整图层具有许多与其他图层相同的特性。可以调整它们的不透明度和混合模式，并可以将它们编组以便将调整应用于特定图层。同样，可以启用和禁用它们的可见性，以便应用或预览效果。

填充图层可以用纯色、渐变或图案填充图层。与调整图层不同，填充图层不影响它们下面的图层。

1. 创建调整图层

单击"图层"面板底部的"创建新的填充或调整图层"按钮 ，然后选择调整图层类型。或者执行"图层"—"新建调整图层"命令，然后选择一个选项。命名图层，设置图层选项，然后单击"确定"按钮。

2. 创建填充图层

执行"图层"—"新建填充图层"命令，然后选择一个选项。命名图层，设置图层选项，然后单击"确定"按钮。或单击"图层"面板底部的"创建新的填充或调整图层"按钮 ，然后选择填充图层类型。

（1）纯色：用当前前景色填充调整图层。使用拾色器选择其他填充颜色。

（2）渐变：单击"渐变"按钮以显示"渐变编辑器"，或单击倒箭头并从弹出式面板中选取一种渐变。如果需要，可设置其他选项。

"样式"指定渐变的形状。

"角度"指定应用渐变时使用的角度。

"缩放"更改渐变的大小。

"反向"翻转渐变的方向。

"仿色"通过对渐变应用仿色降低带宽。

"与图层对齐"使用图层的定界框来计算渐变填充。可以在图像窗口中拖动以移动渐变中心。

（3）图案：单击图案，并从弹出式面板中选取一种图案。单击"比例"按钮，并输入值或拖动滑块。单击"贴紧原点"按钮以使图案的原点与文档的原点相同。如果希望图案在图层移动时随图层一起移动，则选择"与图层链接"。选中"与图层链接"后，当"图案填充"对话框打开时可以在图像中拖移以定位图案。

3．限制调整图层和填充图层应用于特定区域

要限制调整图层和填充图层应用于特定区域，使用图层蒙版。默认情况下，调整图层和填充图层都自动具有图层蒙版，用图层缩览图左边的蒙版图标表示，如图2-4-6所示。要创建无蒙版的调整图层，则取消选中"调整"面板菜单中的"默认情况下添加蒙版"，如图2-4-7所示。

图2-4-6　自动添加的图层蒙版

图2-4-7　取消默认添加蒙版

4．编辑或合并调整图层和填充图层

（1）编辑调整图层和填充图层。可以编辑调整图层或填充图层，也可以编辑调整图层或填充图层的蒙版来控制图层在图像上产生的效果。默认情况下，调整或填充图层的所有区域都没有"经过蒙版处理"，因此都是可见的。

（2）更改调整图层和填充图层的选项。双击"图层"面板中调整或填充图层的缩览图，或执行"图层"—"图层内容选项"命令，在"属性"面板中进行所需的更改。

（3）合并调整图层或填充图层。可以通过下列方式合并调整图层或填充图层：与其下方的图层合并、与其自身编组图层中的图层合并、与其他选定图层合并以及与所有其他可见图层合并。不过，不能将调整图层或填充图层用作合并的目标图层。将调整图层或填充图层与其下面的图层合并后，所做的调整将被栅格化并永久应用于合并后的图层内。也可以栅格化填充图层但不合并它。

【任务拓展】调整偏暗风景照片

操作视频

1. 打开素材文件夹中的"风景照片.jpg"图像文件,创建"亮度/对比度"调整层,设置亮度和对比度参数,效果如图2-4-8所示。
2. 创建"曲线"调整层,设置照片的整体颜色,效果如图2-4-9所示。

图2-4-8 设置"亮度/对比度"调整层

图2-4-9 设置"曲线"调整层

3. 创建"通道混合器",将"输出通道"分别设置为红色和蓝色,设置参数如图2-4-10所示。
4. 调整后的最终效果如图2-4-11所示。

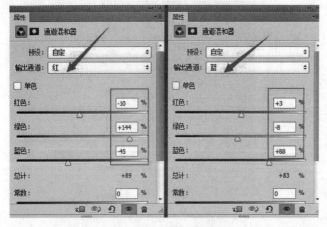

图2-4-10 创建"通道混合器"

图2-4-11 最终调整效果

任务5 制作相册模板

【任务分析】

本任务是利用剪切蒙版制作一个电子相册模板,通过本任务的学习可以掌握剪贴蒙版的使用和了解图层过滤器的使用。

【任务步骤】

1. 创建一个"大小"为1200×850像素的文档,利用提示线进行布局,如图2-5-1所示。

操作视频

2. 新建一个图层,使用"形状工具"创建如图2-5-2所示的矩形1,填充任何颜色。

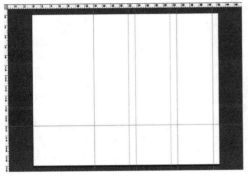

图2-5-1 布局文档

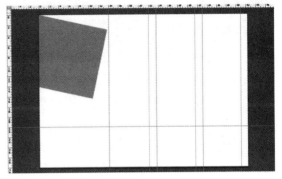

图2-5-2 创建"矩形1"

3. 给"矩形1"设置描边,大小为1像素,填充"颜色"为#d86565,效果如图2-5-3所示。
4. 仿照"矩形1"的样式继续创建"矩形2",并添加"投影",效果如图2-5-4所示。

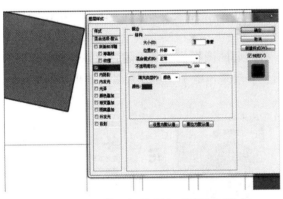

图2-5-3 "矩形1"添加"描边"样式

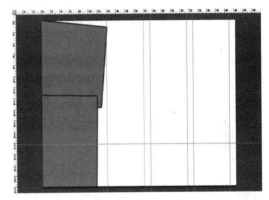

图2-5-4 创建"矩形2"

5. 继续给文档绘制3个小矩形,并分别添加"投影"样式,效果如图2-5-5所示。
6. 给文档添加小花点缀和文字,将提示线隐藏,效果如图2-5-6所示。

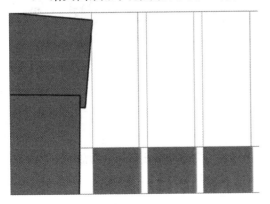

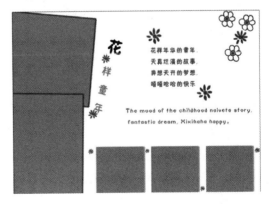

项目2 图层操作 | 67

图 2-5-5　文档底部绘制 3 个小矩形　　　　图 2-5-6　给文档添加小花点缀和文字

7. 分别给图层重命名，效果如图 2-5-7 所示（重命名可根据自己的需要）。

8. 利用图层过滤器中的名称查找到左上矩形，然后打开要展示的图像，将图像移动到形状的位置调整大小，效果如图 2-5-8 所示。

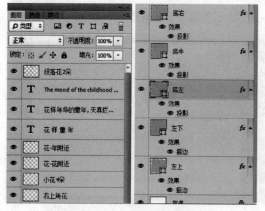 

图 2-5-7　给图层重命名　　　　　　　图 2-5-8　图层过滤器和"图像 1"

9. 图层过滤器回到类型一栏，可发现插入的"图像 1"自动在左上矩形的上方创建了一个"图层 1"，选中"图层 1"，按"Alt"键，鼠标指针放在"图层 1"右侧下部，当鼠标指针变成黑白双圈时，单击，完成剪贴蒙版的制作，此时将"图像 1"放到左上矩形中，图像和图层效果如图 2-5-9 所示。

10. 参照第 9 步完成其他图像的剪贴效果，剪贴后的图像位置可以随时调整。如果想要替换图像可以直接拖拽过来进行多层的剪贴，做出更多效果，电子相册模板最终效果如图 2-5-10 所示。

图 2-5-9　完成剪贴的图像和图层效果　　　　图 2-5-10　电子相册模板效果

【相关知识】

1. 剪贴蒙版

（1）剪贴蒙版是通过下方图层的形状来限制上方图层的显示状态，达到一种剪贴画效果的蒙版，图 2-5-11 所示的"花朵文字"就是应用"剪贴蒙版"制作的。

在 Photoshop CS6 中，至少需要 2 个图层才能创建"剪贴蒙版"，其中位于下面的图层叫"基底图层"，位于上面的图层叫"剪贴层"。图 2-5-11 所示的剪贴蒙版效果是由 1 个"文字"基底图层和 1 个"花朵"的剪贴层组成。基底图层名称下会带一条下划线，如图 2-5-12 所示。

图 2-5-11　"剪贴蒙版"效果

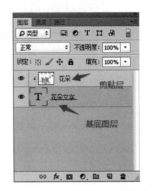
图 2-5-12　基底层和剪贴层

（2）创建剪贴蒙版的方法：选中要作为"剪贴层"的图层，执行"图层"—"创建剪贴蒙版"命令（或按快捷键"Ctrl+Alt+G"），即可用下方相邻图层作为"基底图层"，创建一个剪贴蒙版。另外，按住"Alt"键不放，将鼠标指针移动到"剪贴层"和"基底图层"之间单击，也可创建剪贴蒙版。

（3）释放不需要的剪贴蒙版的方法：选择"剪贴层"，执行"图层"—"释放剪贴蒙版"命令（或按快捷键"Ctrl+Alt+G"）即可释放剪贴蒙版。

（4）可用一个"基底图层"来控制多个"剪贴层"，但是这些"剪贴层"必须是相邻且连续的。

2．图层过滤器

图层过滤可以根据不同的性质进行查看和管理，具体位置如图 2-5-13 所示。选择类型模式时，就可以根据不同的类型进行查看不同的图层，从左向右分别是像素图层滤镜、调整图层滤镜、文字图层滤镜、形状图层滤镜、智能对象滤镜。选择对应滤镜时，其他的图层就会隐藏看不到，比如选择文字图层滤镜，效果如图 2-5-14 所示。

类型选择"名称"，这时可以根据名称进行查询对应图层，效果如图 2-5-15 所示。

类型选择"效果"，这时就可以根据不同图层样式找图层，效果如图 2-5-16 所示。

还可以选择"模式""属性""颜色"进行过滤，来查询对应的图层。

图 2-5-13　图层过滤器的位置

图 2-5-14　选择文字图层过滤器

最后一个按钮 ▭：打开或关闭图层过滤，控制是否过滤效果。

图 2-5-15　按名称查找

图 2-5-16　按效果查找

【任务拓展】人物换衣

1. 打开素材文件夹中的"人物.jpg"图像文件，复制背景图层，并重命名为"人物"图层。利用"快速选择工具"将人物的上衣选中，效果如图 2-5-17 所示。

操作视频

图 2-5-17　"图层"面板和快速选择人物上衣效果

2. 按"Ctrl+J"键复制上衣形成图层 1，并命名为"上衣"，效果如图 2-5-18 所示。
3. 打开"花"图像素材，移动到人物文档中，并调整合适大小和位置，将图层名命名为"花"，效果如图 2-5-19 所示。
4. 选中"花"图层，执行"图层"—"创建剪贴蒙版"命令，效果如图 2-5-20 所示。
5. 选择图层混合模式为"叠加"，最终文档效果和"图层"面板如图 2-5-21 所示。

图 2-5-18 复制人物上衣

图 2-5-19 移动"花"图像到"人物"文档中

图 2-5-20 创建剪贴蒙版

图 2-5-21 最终效果文档和"图层"面板

项目评价

本项目主要介绍 Photoshop CS6 的图层概念、"图层"面板的认识、图层基本操作、图层样式的使用、图层混合模式的应用、调整与填充图层的应用、图层过滤器及剪贴蒙版的使用。完成本项目任务后，你有何收获，为自己做个评价吧！

分类 评价	很满意	满意	还可以	不满意
任务完成情况				
与同组成员沟通及协调情况				
知识掌握情况				
体会与经验				

巩固与提高

【知识巩固】

选择题

（1）只包含一些图层样式，而不包括任何图像信息的图层是（　　）。
  A. 普通图层　　　　B. 调整图层　　　　C. 效果图层　　　　D. 形状图层

（2）合并图层时要将所有的图层合并成一个背景图层，可采用的合并方式是（　　）。
  A. 向下合并　　　　B. 合并图层　　　　C. 合并可见图层　　D. 拼合图像

（3）以下操作不能新建一空白图层的是（　　）。
  A. 单击"图层"面板下方的"新建"按钮
  B. 按"Ctrl+Shift+N"组合键
  C. 执行"图层"—"新建"—"通过剪切的图层"命令
  D. 执行"图层"—"新建图层"命令

（4）填充图层不包括（　　）。
  A. 图案填充图层　　　　　　　　B. 纯色填充图层
  C. 渐变填充图层　　　　　　　　D. 快照填充图层

（5）下面对图层样式描述正确的是（　　）。
  A. 图层样式可用于图层和通道中　　B. 图层样式不能用于背景层中
  C. 不可以自定义图层样式　　　　　D. 图层样式是不能被存储的

（6）在默认情况下，对于一组图层，如果上方图层的图层混合模式为"滤色"，下方图层的图层混合模式为"强光"，通过合并上下图层得到的新图层模式是下列哪一种？（　　）
  A. 滤色　　　　　B. 强光　　　　　C. 正常　　　　　D. 不确定

【技能提高】

1. 制作老照片效果（图 2-6-1）。

图 2-6-1　原照片与调整后照片效果对比

提示：

（1）利用新建调整图层，设置"色相/饱和度"和"亮度/对比度"参数，调出破旧感；

（2）利用滤镜表面和动感模糊进行人物旧照感。

2. 制作如图 2-6-2 所示质感文字效果。

图 2-6-2　质感文字效果

提示：

（1）利用图层样式制作文字效果；

（2）同样的文字效果可利用复制粘贴图层样式。

项目 3　选区与抠图

学习目标：
- 学会创建不同规则的选区
- 学会使用"渐变工具"
- 学会使用"套索工具"创建选区
- 学会使用"魔棒工具"和"快速选择工具"创建选区
- 学会选区的计算
- 学会使用"钢笔工具"创建路径并转换为选区的方法
- 学会描边

任务 1　设计工行标志

【任务分析】

本任务为原样制作任务，设计中国工商银行标志。这个标志由同心圆和矩形组成，主要用到了 Photoshop 软件中的"选择工具""矩形选框工具"和"圆形选框工具"，并借助于标尺，网络设置了辅助线帮助绘制同心圆。

【任务步骤】

操作视频

1. 启动 Photoshop CS6 软件，按"Ctrl+N"键新建一个文件，设置"宽度"和"高度"为 10 厘米×10 厘米，"分辨率"为 72 像素/英寸，"颜色模式"为 RGB 颜色，如图 3-1-1 所示。

2. 按"Ctrl+R"键打开标尺，执行"视图"—"显示"—"网络"命令，在工作区中显示出网格，并在工作区中心位置，用鼠标拖拽水平垂直方向所需要的参考线，如图 3-1-2 所示。

3. 选中"椭圆选框工具"（图 3-1-3），同时按住"Alt+Shift"键，用鼠标以辅助线交点为中心点绘制正圆形选区，并把 从选区中减去，在里面再绘制正圆，如图 3-1-4 所示。

4. 执行"编辑"—"填充"命令,打开"填充"对话框,选择"前景色"后单击"确定"按钮,或者直接按"Alt+Delete"键填充前景色,如图 3-1-5 所示。

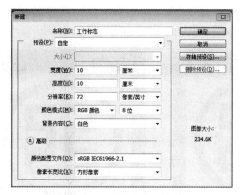

图 3-1-1 "新建"对话框

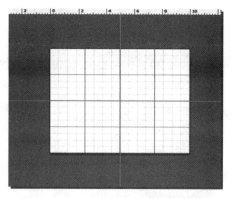

图 3-1-2 打开标尺网格添加辅助线

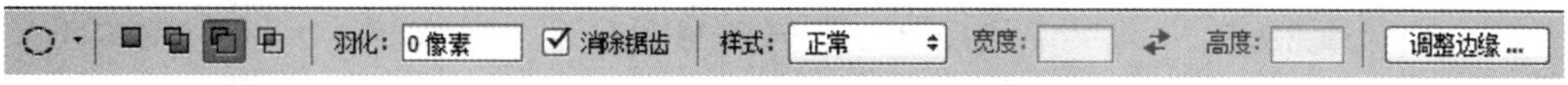

图 3-1-3 "椭圆选框工具"属性栏

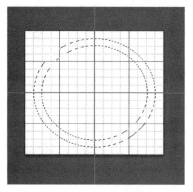

图 3-1-4 正圆选区

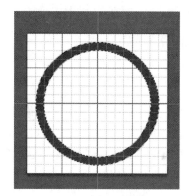

图 3-1-5 填充前景色

5. 按"Ctrl+D"键取消选区,使用"矩形选区工具"绘制矩形,将  添加到选区绘制如图 3-1-6 所示矩形,再把  从选区中减去,如图 3-1-7 所示。按"Alt+Delete"键填充红色。

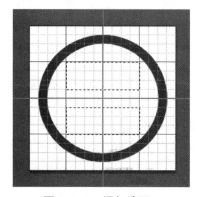

图 3-1-6 添加选区

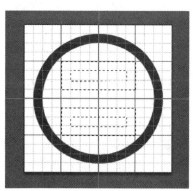

图 3-1-7 减去选区

6. 按"Ctrl+D"键取消选区，使用"矩形选区工具"绘制矩形，按"Alt+Delete"键填充红色，如图 3-1-8 所示。

7. 按"Ctrl+D"键取消选区，鼠标指针停在中轴处，按住"Alt"键，拖出以中轴为中心的矩形，如图 3-1-9 所示。按"Delete"键删除，如图 3-1-10 所示。

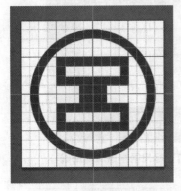  

图 3-1-8　填充选区　　　　　图 3-1-9　绘制矩形选区　　　　图 3-1-10　删除选区

8. 保存文件，执行"文件"—"存储或存储为"命令，在弹出的"存储为"对话框中，选择保存位置、输入文件名，在类型中选择"JPEG"格式，单击"保存"按钮。

【相关知识】

什么是选区？

顾名思义，选区就是选择区域。在 Photoshop 中，选区就是用各种选择工具选取图像的范围。当用户需要在一个界定的范围内进行编辑时，通常都会根据需要建立一个选区，以更加精确地编辑图像。选区可以是连续的，也可以是不连续的，在选区内可以执行各种操作，而选区以外的地方则不会被操作。由于选区像无数个连续爬动的蚂蚁，因此，人们通俗地将选区称为"蚁线"。

在 Photoshop 中创建选区的方法有很多种，比如工具箱中的"选框工具""套索工具""魔棒工具"等，此外还有通道、蒙版、色彩范围、路径等高级选择方法。

1. "选择工具" ▶ ：用于选择和移动图像。

2. "矩形选框工具" ▭ ：用于创建矩形选择区域。"矩形选框工具"的属性栏如图 3-1-11 所示。

图 3-1-11　"矩形选框工具"属性栏

参数说明：

（1）工具选项：单击该选项按钮可打开工具的下拉菜单，在其中可选择其他选框工具。

（2）选区的运算方法："新选区"按钮 ▭ ，用于建立新的选区；"添加到选区"按钮 ▭ ，是将新建的选区添加到已有的选区中，通常称为"加选"；"从选区中减去"按钮 ▭ ，是从已有的选区中减去新建的选区，通常称为"减选"；"与选区交叉"按钮 ▭ ，是选择已有选区与新建选区的相交部分，分别如图 3-1-12 至图 3-1-15 所示。

（3）羽化：用于设定新建选区的羽化程度。

（4）消除锯齿：消除选区边缘的锯齿，这是选区中常见的选项。

（5）样式：选择区域的创建方式。当用户选择"正常"时，选区的大小由鼠标指针控制；选择"固定比例"时，选区比例只能按照设置好的"宽度"和"高度"的比例创建；选择"固定大小"时，选区只能按设置的"高度"和"宽度"值来创建选区。

在用"矩形选框工具"创建选区时，按住"Shift"键拖拉鼠标可创建正方形选区，如图 3-1-16 所示；按住"Alt+Shift"键拖拉鼠标可创建以某一点为中心的正方形选区，如图 3-1-17 所示。

图 3-1-12　正常创建的矩形选区

图 3-1-13　增加选区

图 3-1-14　减去选区

图 3-1-15　与选区交叉

图 3-1-16　创建正方形选区

图 3-1-17　创建以某点为中心的正方形选区

3．椭圆选框工具：用于创建圆形选择区域。其属性栏如图3-1-18所示。"椭圆选框工具"的属性及使用方法与"矩形选框工具"相同，不再叙述。

图3-1-18　"椭圆选框工具"属性栏

【任务拓展】绘制公司标志

操作视频

1．新建一个文件，设置"宽度"和"高度"为10厘米×10厘米，"分辨率"为72像素/英寸，"颜色模式"为RGB颜色。

2．按"Ctrl+R"键打开标尺，用移动工具拖拽水平、垂直各5条辅助线，如图3-1-19所示。

3．用"椭圆选框工具"绘制以辅助线交点为中心的正圆所示的选区，选择"添加到选区"，再用同样的方法绘制以辅助线交点为中心的椭圆，形成如图3-1-20所示。按"Alt+Delete"键填充前景红色，如图3-1-21所示。

4．按"Ctrl+D"键取消选区，再用"椭圆选框工具"绘制同心圆，按"Delete"键删除，如图3-1-22所示。

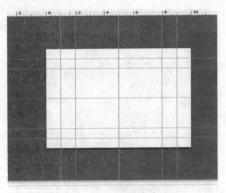
图3-1-19　绘制辅助线

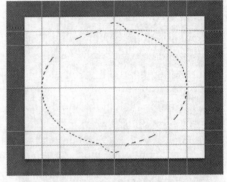
图3-1-20　制作选区

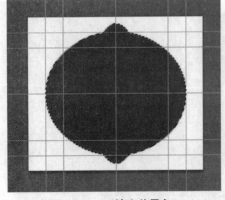
图3-1-21　填充前景色

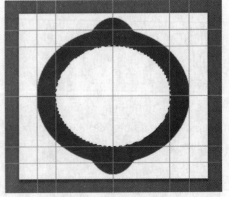
图3-1-22　删除同心圆

5．按"Ctrl+D"键取消选区，使用"矩形选框工具"绘制以辅助线交点为中心的横向矩形选区，并添加到选区，再按"Alt+Shift"键增加纵向矩形选区，如图 3-1-23 所示。并填充青色，如图 3-1-24 所示。

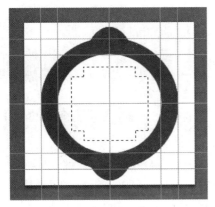
图 3-1-23 增加选区

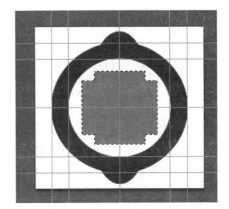
图 3-1-24 填充颜色

6．按"Ctrl+D"键取消选区，使用"椭圆选框工具"按住"Shift+Alt"键绘制以辅助线交点为中心的正圆，按"Delete"键，重复上述操作，绘制小圆，并右移，填充红色，如图 3-1-25 所示。

7．按"Ctrl+D"键取消选区，使用"椭圆选框工具"按住"Shift+Alt"键绘制以辅助线交点为中心的正圆，重复上述，绘制小圆，并右移，按"Delete"键，如图 3-1-26 所示。

8．按"Ctrl+D"键取消选区，使用"矩形选框工具"在相应的位置绘制矩形，并填充青色，如图 3-1-27 所示。

9．按"Ctrl+S"键保存文件到合适的位置。

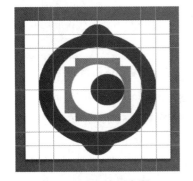
图 3-1-25 绘制小圆

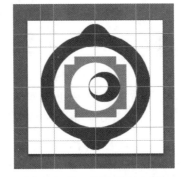
图 3-1-26 再次绘制小圆

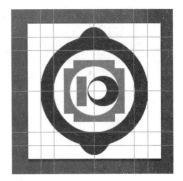
图 3-1-27 绘制矩形

任务 2　制作海景婚纱照

【任务分析】

该任务为一幅合成图像，主要应用了 Photoshop CS6 软件中的"套索工具""多边形套索工具"和"磁性套索工具"，借助于这些工具来选取现有图像的某些部分进行图像的合成。

【任务步骤】

操作视频

1. 新建一个文件，设置"宽度"和"高度"为 20 厘米 ×20 厘米，"分辨率"为 72 像素/英寸，"颜色模式"为 RGB 颜色。

2. 执行"文件"—"打开"命令，打开素材文件夹中的"婚纱.jpg"和"海景.jpg"图像文件。

3. 用"移动工具"将素材"婚纱"拖入新文件，按"Ctrl+T"键调整大小和位置，如图 3-2-1 所示。

4. 在工具箱中选择"磁性套索工具" ，单击婚纱照中的新郎和新娘服装边缘，移动鼠标大致圈选出新娘和新郎图像，如图 3-2-2 所示。按"Ctrl+C"键复制选区，再到新文件中，按"Ctrl+V"键将选区复制到新文件，或用"移动工具"将选区拖入新文件中，按"Ctrl+T"键（为了不使人物变形，将光标移动控制框的任意一角，按"Shift"键拖拉鼠标进行等比例缩放）调整大小，如图 3-2-3 所示。

图 3-2-1　打开素材

图 3-2-2　制作选区

图 3-2-3　移动选区到新文件

5. 用"磁性套索工具"大致圈选出婚纱照中带绿色背景的部分，如图 3-2-4 所示。执行"图像"—"调整"—"色相/饱和度"命令，并做出调整，去掉绿色，如图 3-2-5 所示，单击"确定"按钮。

图 3-2-4　制作婚纱选区

图 3-2-5　调整"色相/饱和度"

6. 按"Ctrl+D"键取消选区，在"图层"面板中单击"图层 2"（婚纱照）图层左侧的 图标，隐藏该层，如图 3-2-6 所示。然后单击"图层 1"，在工具箱中选择"多边形套索工具"，大致圈选出"图层1"海景中的椰子树，如图3-2-7所示。

7．先按"Ctrl+C"键复制选区，按"Ctrl+V"键粘贴选区，自动新建"图层3"，如图3-2-8所示，多了一棵椰子树，使用移动工具，把这棵椰子树移动到合适的位置，并按住鼠标左键，把"图层3"拖动到"图层2"的上面，在"图层"面板中单击"图层2"（婚纱照）图层左侧的 👁 图标，显示该层，适当调整椰子树的位置。

图3-2-6　隐藏"图层2"

图3-2-7　选择椰子树

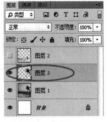
图3-2-8　粘贴图层

8．选择"图层3"，并使用"套索工具"对多余的天空部分进行圈选，如图3-2-9所示，并按"Delete"键进行删除，看不清边界可用放大镜工具或按"Ctrl++"键将图像放大。

9．按"Ctrl+D"键取消选区，整理好图像后，再用"缩放工具"将图像缩小到原来大小，如图3-2-10所示。

10．按"Ctrl+S"键保存文件到合适的位置。

图3-2-9　选择多余天空

图3-2-10　最终效果

【相关知识】

套索工具包含"套索工具""多边形套索工具"和"磁性套索工具"3个工具，如图3-2-11所示。

图3-2-11　套索工具

项目3　选区与抠图 | 81

1．"套索工具"

"套索工具"用于选择不规则选择范围，可徒手绘制，选区的形状由鼠标控制，一般用于大面积选取时使用，其属性如图3-2-12所示。

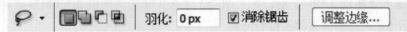

图3-2-12 "套索工具"的属性

用"套索工具"创建选区方法如下：在图像按住鼠标左键不放，沿着图像的轮廓拖拽鼠标，类似铅笔手绘，如图3-2-13所示。当鼠标指针回到起点附近时，光标下会出现一个小圆圈，此时松开鼠标将自动形成封闭的选取，如图3-2-14所示。

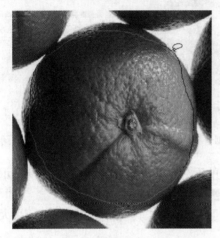 

图3-2-13 用"套索工具"创建选区　　　　　图3-2-14 创建的选区

2．"多边形套索工具"

"多边形套索工具"用于选择极为不规则的多边形选择范围。可以通过连续单击创建一个多边形选区，一般用于较复杂、棱角分明且边缘呈直线的图像，其属性栏如图3-2-15所示。

图3-2-15 "多边形套索工具"属性栏

用"多边形套索工具"创建选取方法如下：单击一点为起始点，沿图像的直边再单击另一点形成直线，如图3-2-16所示。以此类推，直到末端与起始点重合，这时单击形成选区，如图3-2-17所示。

3．"磁性套索工具"

"磁性套索工具"可以自动识别形状不规则的图像选区，主要用于复杂、色彩差异较明显的图像。其属性栏如图3-2-18所示。其中"频率"指在进行选取时创建的定位点（通常也称"节点"）的多少，定位点太少选取图像不够精准，定位点太多则不便修改且会增加文件的容量。

用"磁性套索工具"创建选区方法如下：在图像选择起点并单击，松开鼠标左键，沿着图像边缘移动光标，将自动捕捉到图像的边缘，如图3-2-19所示。回到起点时光标下面出现小圆圈，此时再单击即形成封闭选区。也可在光标即将回到起点时双击形成封闭的选区，如图3-2-20所示。

图 3-2-16 用"多边形套索工具"创建选区

图 3-2-17 创建的选区

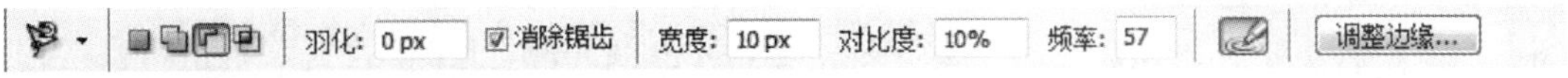

图 3-2-18 "磁性套索工具"属性栏

图 3-2-19 用"磁性套索工具"创建选区

图 3-2-20 创建的选区

【任务拓展】制作花王女孩

操作视频

1. 新建一个文件，设置"宽度"和"高度"为22厘米×12厘米，"分辨率"为72像素/英寸，"颜色模式"为RGB颜色。

2. 执行"文件"—"打开"命令，打开素材文件夹中"花丛.jpg""花朵.jpg"和素材"女孩.jpg"图像文件，如图3-2-21至图3-2-23所示。

3. 用"移动工具"将素材"花丛"拖入新文件，按"Ctrl+T"键调整大小和位置，如图3-2-24所示。

图3-2-21 素材"花丛"

图3-2-22 素材"花朵"

图3-2-23 素材"女孩"

图3-2-24 调整"花丛"素材

4. 单击素材"花朵"，使用"磁性套索工具"圈选出里面大花朵，如图3-2-25所示。然后选择"移动工具"用鼠标将花朵拖入"花王女孩"文件，并按"Ctrl+T"键调整大小和位置，并做适当旋转，如图3-2-26所示。

5. 单击素材"女孩"，使用"椭圆选框工具"，在其属性栏中设置"羽化"值为10，在女孩的头部创建椭圆选区，如图3-2-27所示。

6. 执行"选择"—"变换选区"命令或按"Ctrl+T"键，将选区调整为图3-2-28所示的效果。

7. 按"Enter"键后，用"移动工具"将选择的女孩头像拖入花王女孩文件，按"Ctrl+T"键调整大小、方向和位置，如图3-2-29所示。

8. 按"Enter"键完成制作，如图3-2-30所示的效果，并按"Ctrl+S"键保存。

图 3-2-25　制作花朵选区

图 3-2-26　移动选区到素材

图 3-2-27　创建椭圆选区

图 3-2-28　调整选区

图 3-2-29　移动选区

图 3-2-30　最终效果

项目 3　选区与抠图 | 85

任务3　抠图蜘蛛侠

【任务分析】

魔棒抠图是Photoshop抠图里面最简单的方法，它适合的情况为当背景是纯色，且主体物和背景有明显的色彩明度反差，下面通过本任务学习一下"魔棒工具"的使用方法。

【任务步骤】

操作视频

1. 启动Photoshop CS6软件，执行"文件"—"打开"命令，打开素材文件夹中的"蜘蛛侠.jpg"图像图片，在"图层"面板中双击"背景"图层解锁，如图3-3-1所示。

2. 选中工具箱中的"魔棒工具"，单击画面中的背景任意白色区域。选区和蚁线（滚动的虚线）就产生了，如图3-3-2所示。

图3-3-1　图层解锁　　　　　　　　图3-3-2　魔棒选择白色区域

3. 按"Delete"键（删除背景），再按"Ctrl+D"键（取消选区），抠图即完成，如图3-3-3所示。

4. 打开素材文件夹，将"城市.jpg"图像文件直接拖拽到此文件，按"Enter"键确认，将"城市图层"拖拽到"图层0"上面，此时发现蜘蛛侠周围有白色的毛边，如图3-3-4所示。

5. 接下来处理毛边，按住"Ctrl"键，单击"图层0"缩略图。这时，蜘蛛侠就载入选区了（蚁线出现了）。再按"Ctrl+Shift+I"（选区反选的快捷键），执行菜单栏的"选择"—"修改"—"羽化"命令，"羽化半径"设为1像素，如图3-3-5所示。

6. 然后按"Delete"键,按1～3次,视白色消失的情况而定,如图3-3-6所示,然后保存文件。

图 3-3-3 删除白色背景

图 3-3-4 调整图层位置

图 3-3-5 设置"羽化半径"

图 3-3-6 最终效果

【相关知识】

魔棒工具

选择颜色相同或相近的像素。其属性栏如图3-3-7所示,其中有一些"选框工具"相同的选项,如创建选区、增加选区和减少选区等。此外,还有一个非常重要的选项"容差"。"容差"取值为0～255,数值越大,表示可允许的相邻像素之间的近似程度越小,选择的范围也就越大;反之,所选的范围就越小。"连续"选项表示只选取部分相连的图像;反之,则会选择整个图像中符合设置的图像。勾选"对所有图层取样"选项,表示"魔棒工具"将在所有可见图层中选择颜色;反之,则只在当前图层中选择颜色。

图 3-3-7 "魔棒工具"属性栏

在属性栏中默认"容差"值为 32 时创建的选区,如图 3-3-8 所示。
在属性栏中设置"容差"值为 70 时创建的选区,如图 3-3-9 所示。

图 3-3-8 "容差"值为默认的选区　　　　图 3-3-9 "容差"值为 70 的选区

【任务拓展】制作卡通星空城堡

操作视频

1. 新建一个文件,设置"宽度"和"高度"为 15 厘米 ×28 厘米,"分辨率"为 72 像素 / 英寸,"颜色模式"为 RGB 颜色。
2. 打开素材文件夹中的"卡通城堡 .jpg""星空 .jpg""路灯 .jpg"和"月亮 .jpg"图像文件。
3. 使用"矩形选框工具"框选星空的一部分,如图 3-3-10 所示。用"移动工具"将框选的部分拖入新文件,按"Ctrl+T"键调整大小并放在合适的位置,如图 3-3-11 所示。

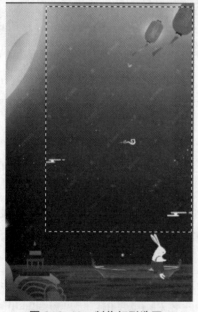

图 3-3-10 制作矩形选区　　　　图 3-3-11 选区移动到新文件

4．按"Ctrl+D"键取消选区，选择素材"卡通城堡"，用"魔棒工具"，设"容差"值为10，单击空白背景，并加选，按"Ctrl+Shift+I"键反选城堡，如图 3-3-12 所示。

5．为使卡通城堡朝向改变，执行"编辑"—"变换"—"旋转 90 度（逆时针）"命令，效果如图 3-3-13 所示。

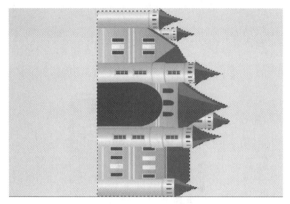
图 3-3-12　反选卡通城堡

图 3-3-13　旋转卡通城堡

6．用"移动工具"将框选的部分拖入新文件，按"Ctrl+T"键调整大小并放在合适的位置，如图 3-3-14 所示。

7．按"Ctrl+D"键取消选区，选择素材"路灯"，用"魔棒工具"，设"容差"值为 10，单击路灯，并加选灯泡的黄色，如图 3-3-15 所示。

图 3-3-14　卡通城堡移动到新文件

图 3-3-15　选择路灯

8．用"移动工具"将路灯拖入新文件，按"Ctrl+T"键调整大小并放在合适的位置，如图 3-3-16 所示。

9．在"图层 3"上右击，单击复制图层，建立如图 3-3-17 所示的图层 3 副本。

10．单击"图层 3 副本"，单击"移动工具"，用鼠标移动路灯至稍远处，按"Ctrl+T"键进行大小的调整，效果如图 3-3-18 所示。

11. 按"Ctrl+D"键取消选区，选择素材"月亮"，用"魔棒工具"设"容差"值为10，单击空白背景，按"Ctrl+Shift+I"键反选月亮和星星，如图 3-3-19 所示。

图 3-3-16 移动路灯并调整大小

图 3-3-17 新建图层

图 3-3-18 移动路灯

图 3-3-19 选取月亮和星星

12. 用"移动工具"将"月亮"拖入新文件，按"Ctrl+T"键调整大小并放在合适的位置。

13. 最后，移动"图层 4"（月亮），到"图层 2"（卡通城堡）下面，如图 3-3-20 所示，最终形成如图 3-3-21 所示的效果。

14. 按"Ctrl+S"键保存文件到合适的位置。

图 3-3-20 调整图层位置

图 3-3-21 月亮移动到新文件

任务 4　制作 VIP 贵宾卡

【任务分析】

该任务为生活中 VIP 贵宾卡的制作，主要应用了 Photoshop CS6 软件中的"填充工具"和"渐变工具"，借助于填充和渐变工具来填充各种颜色来达到预期的效果。

【小知识】生活中 VIP 贵宾卡的尺寸一般都是统一的，长一般为 8.55 厘米，宽一般为 5.4 厘米。

【任务步骤】

1. 启动 Photoshop CS6 软件，新建一个 VIP 卡文件，设置"宽度"和"高度"为 8.55 厘米 ×5.4 厘米，"分辨率"为 300 像素 / 英寸，"颜色模式"为 CMYK，"背景内容"为白色。

操作视频

2. 在"图层"面板单击新建图层 1，并在名字处双击改名字为"背景层"，如图 3-4-1 所示。

3. 设计前景色为淡青色，并设置"渐变编辑器"参数如图 3-4-2 所示，使用"渐变工具"选择"对称渐变"，设置参数如图 3-4-3 所示。然后在页面左下角往右上角拖拉鼠标渐变，达到如图 3-4-4 所示效果。

4. 在背景层上右击，复制一个渐变图层，如图3-4-5所示。

图3-4-1 新建图层

图3-4-2 设置"渐变编辑器"参数

图3-4-3 "渐变工具"栏

图3-4-4 填充渐变

图3-4-5 复制渐变层

5. 在工具箱中选取"铅笔工具"，在属性栏"画笔"中选笔形大小为5个像素，并将前景色的颜色改为白色。在画面上画4条白色线，形成"井"字形状，用相同的方法再画4条黑色线，如图3-4-6所示。

6. 执行"滤镜"—"扭曲"—"波纹"命令，在对话框中设置"数量"为600，"大小"为大，如图3-4-7所示，单击"确定"按钮即可。

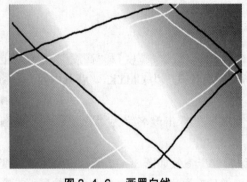

图3-4-6 画黑白线

图3-4-7 波纹

7. 在"图层"面板中，将"模式"中的"正常"改为"柔光"，如图3-4-8所示，这时水波颜色变淡，如图 3-4-9 所示。

8. 打开素材文件夹的"标志.jpg"图像文件，用"魔棒工具"选择背景，反选选区，按"Ctrl+C"键，并在新文件中按"Ctrl+V"键，把灰色标志移入 VIP，并把图层名称改为"标志层"，使用"魔棒工具"分别选中各选区，使用"油漆桶工具"进行不同颜色的填充。（改变前景色，选择"油漆桶工具"，单击要填充的区域内即可。）

图 3-4-8　"柔光"模式　　　　　　　图 3-4-9　"柔光"效果

9．按住"Ctrl"键，单击"标志层"，创建选区，执行"编辑"—"描边"命令，调出对话框设置，如图 3-4-10 所示，描上一个如图所示 4 像素淡蓝色的边框，并达到如图 3-4-11 所示效果。

10．使用文字工具，在右下角处单击（光标这时不断闪动），在状态栏上先设置好参数，如图 3-4-12 所示。

图 3-4-10　"描边"对话框　　　　　图 3-4-11　描边效果

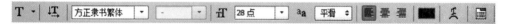

图 3-4-12　文字工具栏

11．输入"贵宾卡"字样，这时"图层"面板中自动生成一个文字图层"贵宾卡"。执行"编辑"—"变换"—"斜切"命令，把"贵宾卡"文字做倾斜，然后按"Enter"键确定，如图 3-4-13 所示。

12．用"文字工具"在页面左上角处单击，输入"VIP"英文大写字体后，再用鼠标拖拉选中，设置好状态栏中的参数，如图 3-4-14 所示，并单击栏上的"创建变形文本"

图 3-4-13　输入文字

按钮，弹出"变形文字"对话框，设置其参数，如图 3-4-15 所示，达到如图 3-4-16 所示效果。

13．执行"图层"—"栅格化"—"文字"命令，可将当前文字图层变为图像图层，"图层"面板中的"T"符号这时不再显示，变化如图 3-4-17、图 3-4-18 所示。

14．按住"Ctrl"键，单击 VIP 图层，使"VIP"字符变成选区，单击"渐变工具"按钮，设置参数如图 3-4-19 所示，进行渐变填充，达到如图 3-4-20 所示效果。

15．执行"编辑"—"描边"命令，描边为标志绿色 4 像素，变化如图 3-4-21 所示，按"Ctrl+D"键取消选区。

16．使用文字工具完成如图 3-4-22 所示效果。

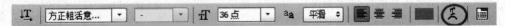

图 3-4-14　文字工具栏中的变形参数

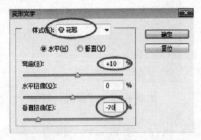

图 3-4-15　"变形文字"对话框　　　　图 3-4-16　变形效果

图 3-4-17　文字层　　　图 3-4-18　普通层　　　图 3-4-19　渐变工具栏

图 3-4-20　填充文字选区　　　　　　图 3-4-21　描边文字

图 3-4-22　最终效果

【相关知识】

1. ![] 前景色与背景色:通过对工具箱下的前景色和背景色设定来填充图像的颜色。单击黑色弯箭头可切换前、背景色,默认前景色为黑色,背景色为白色。

2. "颜色"面板:可以快速地设定前景色或背景色,如图3-4-23所示。

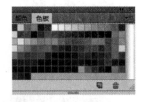

图3-4-23 "颜色"面板

3. ![] "油漆桶工具":给选区或图像填充颜色或图案,其属性栏如图3-4-24所示。也可执行"编辑"—"填充"命令,在弹出的对话框中选择填充前景色、背景色或图案。

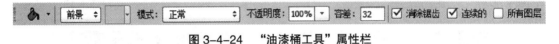

图3-4-24 "油漆桶工具"属性栏

【小技巧】快捷键:"Alt+Delete"键填充前景色,"Ctrl+Delete"键填充背景色,分别如图3-4-25、图3-4-26所示。

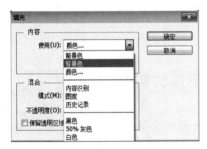

图3-4-25 填充背景色

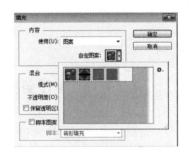

图3-4-26 填充图案

4. ![] "渐变工具":给选区或图像填充渐变色,其属性栏中有5种不同的渐变方式,如图3-4-27所示。

图3-4-27 "渐变工具"属性栏

单击"渐变色块" ![] 可打开"渐变编辑器"对话框,如图3-4-28所示。在该对话框中有一些软件自带的渐变颜色,用户还可以根据需要编辑各种渐变颜色。

将光标放在"色条"的下方,当光标变成"手形"时点按,即可增加一个色标(俗称"油漆桶")。然后选择下面的"颜色"选项,将弹出"选择色标颜色"对话框,如图3-4-29所示,在对话框中选择自己所需的颜色即可。

向左右拖拽两个色标之间的菱形小块,可调节两个颜色相交部分的渐变溶解度;若要删除色标,只要选中色标,再单击右下角的"删除"按钮,或直接将其向色条的两头拖拽至删除。

各种颜色渐变效果如图3-4-30所示。

图3-4-28 "渐变编辑器"对话框

图3-4-29 "拾色器(色标颜色)"对话框

(a)线性渐变； (b)径向渐变； (c)角度渐变； (d)对称渐变； (e)鞭渐变

图3-4-30 渐变示例

【任务拓展1】几何形体的制作

操作视频

1. 新建一个文件，设置"宽度"和"高度"为10厘米×10厘米，"分辨率"为72像素/英寸，"颜色模式"为RGB颜色。

2. 新建"图层1"，选择"椭圆选框工具"，按住"Shift"键绘制正圆选区，选择"渐变工具"编辑"白—黑"渐变色，用径向渐变的方法在正圆选区内拖拉形成球体，如图3-4-31所示。

3. 用"矩形选框工具"创建矩形选区，通过加选的方法得到柱体的弧形底，进行"灰—白—灰—黑"渐变，如图3-4-32所示。可适时添加参考线，再创建椭圆选区进行"白—黑"渐变，形成柱体的上底面，如图3-4-33所示。按"Ctrl+D"键取消选区，形成柱体，如图3-4-34所示。再适当给图层添加阴影效果更明显，如图3-4-35所示。

4. 创建矩形选区，填充线性渐变，执行"编辑"—"变换"—"透视"命令，得到如图3-4-36所示的锥体。

5. 按"Ctrl+S"键保存几何形体到合适位置。

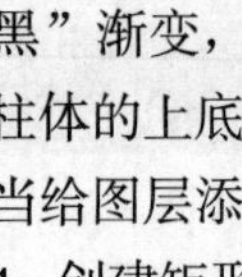

图3-4-31 形成球体 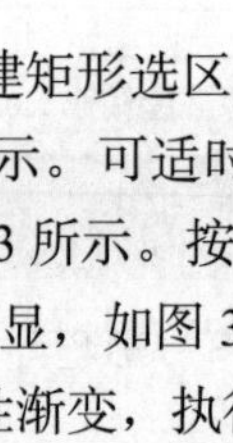　　图3-4-32 得到柱体弧形底 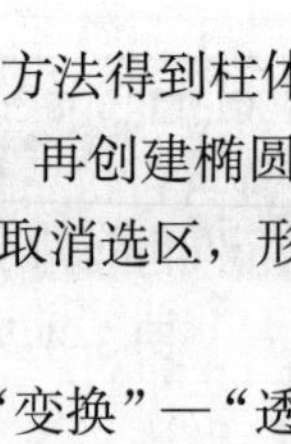　　图3-4-33 形式柱体上底面 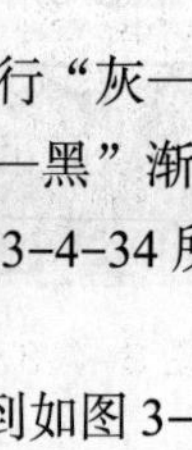　　图3-4-34 形成柱体

图 3-4-35 添加投影后的效果

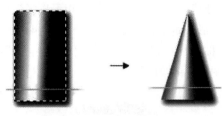
图 3-4-36 锥体制作过程

【任务拓展 2】钟表的制作

1. 新建一个文件,设置"宽度"和"高度"为 16 厘米 ×16 厘米,"分辨率"为 72 像素/英寸,"颜色模式"为 RGB 颜色。

2. 新建"图层",借助辅助线,选择"椭圆选框工具"创建正圆选区,选择"渐变工具",在"渐变编辑器"中编辑"黑—白"渐变色,在选区中用"线性渐变"方法从左至右拖拉填充(按"Shift"键再拖拽可实现水平或垂直方向填充),如图 3-4-37 所示。

3. 用"椭圆选框工具"绘制同心圆选区,按"Delete"键删除,如图 3-4-38 所示。

4. 在"图层"面板下单击如图 3-4-39 所示图标,做"斜面和浮雕"效果,采用默认设置即可,效果如图 3-4-40 所示。

5. 新建"图层 2",绘制同心正圆,通过截取得到如图所示的灰色圆圈,做"浮雕"效果后调整大小,并放在前一个圆形的下面,如图 3-4-41 所示。

6. 新建"图层 3",设置前景色为淡粉色,在圈内绘制同心圆并按"Alt+Delete"键进行填充,如图 3-4-42 所示。

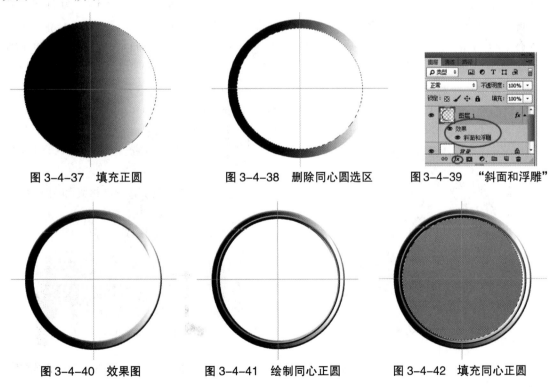

图 3-4-37 填充正圆　　　图 3-4-38 删除同心圆选区　　　图 3-4-39 "斜面和浮雕"

图 3-4-40 效果图　　　图 3-4-41 绘制同心正圆　　　图 3-4-42 填充同心正圆

7. 新建"图层4",绘制"矩形选区"填充黑色,作为表的刻度,再由中间部位绘制一个大一点的矩形,便于后面旋转,如图3-4-43所示。

8. 按"Ctrl+T"键,参数如图3-4-45所示出现控制框,在属性栏中设置旋转角度为30度,效果如图3-4-44所示。

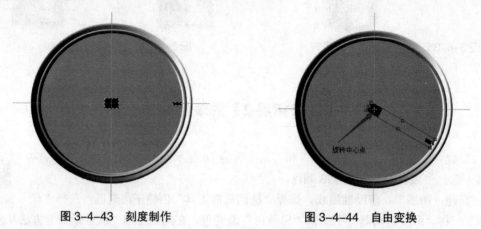

图3-4-43 刻度制作　　　　　　　　图3-4-44 自由变换

图3-4-45 "Ctrl+T"键属性栏参数设置

9. 按"Enter"键确定,此时按住"Ctrl+Alt+Shift"组合键的同时按"T"键完成"重复"—"重复"—"旋转"命令,实现刻度的旋转效果,如图3-4-46所示。

10. 合并"图层4"及所有副本,选取中间的黑色区域,按"Delete"键删除。用"椭圆选框工具"绘制同心正圆,使用"径向渐变"方法填充"白—黑"渐变,调整大小放在图像的正中间,如图3-4-47所示。

11. 新建"图层5",用"多边形套索工具"绘制时针图形,并填充黑色,如图3-4-48所示。

12. 按"Ctrl+T"键调整时针大小和位置,并把"图层5"移动到"图层4"下面,达到如图3-4-49所示效果。

13. 复制一个时针图形,调整大小作为分针,再按"Ctrl+T"键调整大小和位置,设置好时间后,再添加一些附带的装饰或说明,达到如图3-4-50所示效果。

　　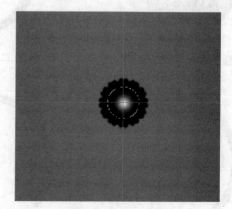

图3-4-46 旋转复制　　　　　　　　图3-4-47 制作中心

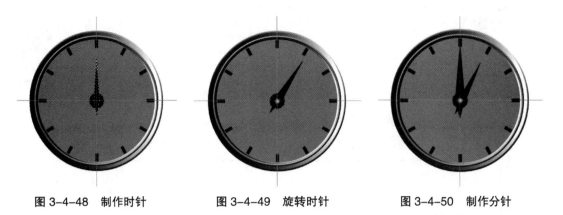

图 3-4-48　制作时针　　　　图 3-4-49　旋转时针　　　　图 3-4-50　制作分针

14．打开素材"鸟"，并用"椭圆选框工具"选取鸟，如图 3-4-51 所示，再拖拽入钟表文件，并设置图层的"不透明度"为 40%，如图 3-4-52 所示，并调整图层位置，达到如图 3-4-53 所示效果。

15．适当填加钟表日期等装饰，达到如图 3-4-54 所示效果。

16．按"Ctrl+S"键保存几何形体到合适位置。

图 3-4-51　圆形选区

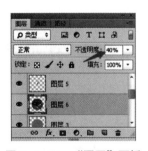

图 3-4-52　"图层"面板

图 3-4-53　图层调整后效果

图 3-4-54　最后效果图

任务 5　制作"我的爱心"

【任务分析】

该任务为心形的制作，主要应用了 Photoshop CS6 软件中的"钢笔工具"创建路径并转化成选区的使用，借助于渐变、填充、粘入等方式来达到预期的效果。

【任务步骤】

1. 新建一个文件,设置"宽度"和"高度"为 10 厘米 ×10 厘米,"分辨率"为 72 像素/英寸,"颜色模式"为 RGB 颜色。

操作视频

2. 按"Ctrl+R"键打开标尺,建立如图 3-5-1 所示的参考线。

3. 用"钢笔工具" 绘制如图 3-5-2 所示路径。

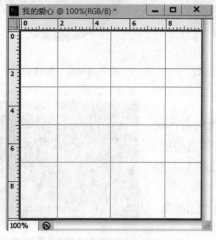
图 3-5-1　添加参考线

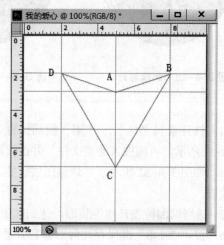
图 3-5-2　绘制路径

4. 用"转换点工具" 将角点转换为平滑点,再用"直接选择工具"仔细调整后,形成如图 3-5-3 所示的心形路径。

5. 在"图层"面板旁边单击"路径"面板,单击路径面板下 的图标(将路径转换为选区),如图 3-5-4 所示。在"图层"面板中新建"图层 1",用"渐变工具"编辑"红—深红"渐变,用"径向渐变"的方式填充渐变色,如图 3-5-5 所示。

6. 按"Ctrl+D"键取消选区,给"图层 1"做"投影"和"浮雕"效果,如图 3-5-6 所示。

7. 执行"图像"—"图像大小"命令,改变如图 3-5-7 所示参数,并按"Ctrl+T"键适当把爱心按比例调大。

8. 使用"椭圆选框工具",设置"羽化"值为 6 像素,在爱心的中间创建如图 3-5-8 所示正圆选区。

9. 打开素材文件夹中的"米老鼠.jpg"图像文件,使用"魔棒工具"选取米老鼠,按"Ctrl+C"键,到新文件下,执行"编辑"—"选择性粘贴"—"贴入"命令,或按"Ctrl+Alt+Shift+V"键,

图 3-5-3　调整路径

图 3-5-4　选区载入

将米老鼠贴入选区，按"Ctrl+T"键，调整图像大小，效果如图 3-5-9 所示。

10. 图层向下合并，按"Ctrl+T"键调整大小，用"多边形"创建三角形选区，并填充爱心中相同的深红色，给爱心加上丝线扎口，并使用"浮雕"和"阴影"效果，如图 3-5-10 所示。

图 3-5-5　径向渐变填充

图 3-5-6　"投影"和"浮雕"效果

图 3-5-7　改变图像大小

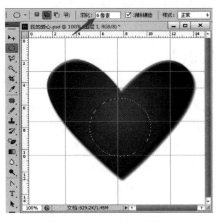

图 3-5-8　绘制正圆选区

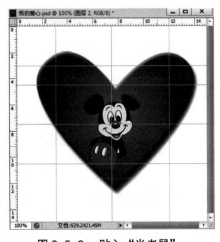

图 3-5-9　贴入"米老鼠"

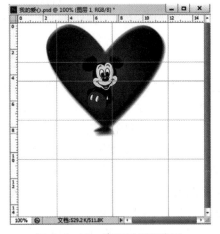

图 3-5-10　填充三角形选区

11. 使用"气球丝带"素材用"魔棒工具"把丝带调入或用"铅笔工具"给爱心气球画上丝线，如图 3-5-11 所示。

12. 在底端给气球加上影子效果，如图 3-5-12 所示，注意图层上下位置的调整。
13. 按"Ctrl+S"键把图保存到合适位置。

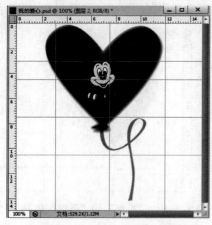
图 3-5-11 添加"丝带"素材

图 3-5-12 阴影

【相关知识】

1. 认识路径。路径，顾名思义就是一条线路。在 Photoshop 中，路径由直线路径或曲线路径段组成，它们通过锚点连接。锚点分为角点和平滑点两种，角点可以连接成直线，平滑点可以创建平滑的曲线，其两端有方向线，方向线的端点为方向点。方向线指示了曲线的走向，可以拖动方向线，将其拉长、拉短或者改变角度，从而改变曲线的形状，如图 3-5-13 所示。路径工具中的"钢笔工具"主要应用在抠图中。

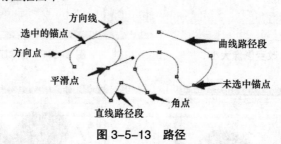
图 3-5-13 路径

2. "钢笔工具" ：使用"钢笔工具"可以绘制直线和曲线，创建形状图形。选择工具箱中的"钢笔工具"，其属性栏如图 3-5-14 所示。

3. 形状图层：利用"钢笔工具"创建形状图层，在图层中会自动添加一个新的形状图层，也就是说，它产生的是一个以前景色填充的图形形状而不是路径。

图 3-5-14 "钢笔工具"属性栏

4. 路径：选中该按钮后，使用"形状工具"或"钢笔工具"绘制的图形，只产生图形的工作路径而不产生形状图层和填充色。

5. 自动添加/删除：若勾选此项，在创建路径的过程中，光标有时会自动在"添加或减少锚点"之间切换，以方便对路径进行修改。

使用"钢笔工具"绘制路径时，首先要在属性栏上选择"路径"按钮，然后在画面中单击，绘制第一个路径的锚点，接着绘制第二个锚点，两个锚点之间即出现一条路径。

但是，使用的方法不同产生的效果也会不一样，如图 3-5-15、图 3-5-16 所示，只点选不拖拽产生的路径是直线路径，其路径线之间的锚点为角点；点选的同时拖拽鼠标产生的路径是曲线路径，其路径线之间的锚点为平滑点，带有方向线以调节路径线的平滑程度，方向线进而影响下一个锚点生成的路径走向，因此，要绘制好曲线路径，需要控制好方向线。

 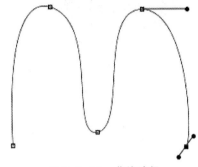

图 3-5-15　直线路径　　　　　　　　　图 3-5-16　曲线路径

6．路径的编辑。完成路径的绘制以后，如果对路径不太满意，可以通过路径编辑工具，调整或修改绘制径。编辑路径工具有以下 5 个。

（1）"添加锚点工具"：只要在路径上点选即可在点选处增加锚点。

（2）"删除锚点工具"：只要在路径的锚点上单击即可删除该锚点。

（3）"转换点工具"：使用该工具可以将直线点和曲线点进行转换以便于修整路径。

图 3-5-17 为平滑点方向线，使用"转换点工具"后可以对曲线点的方向线做单边调整，如图 3-5-18 所示。

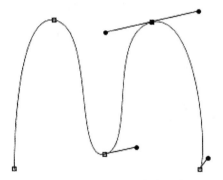 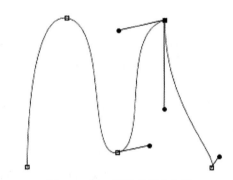

图 3-5-17　调整平滑点方向线　　　　　　图 3-5-18　调整单侧方向线

（4）"路径选择工具"：用此工具在路径上单击可以将路径整个选取起来并进行移动、删除变形等操作，如果按住"Shift"键再点选其他路径，则可以一次选取多个路径。

（5）"直接选择工具"：可以选取单一的锚点和线段，如果按住"Shift"键，可点选锚点和路径并移动、删除或调整被选中的锚点或线段。选择"钢笔工具"，按住"Ctrl"键，切换为"直接选择工具"，单击路径，显示锚点，不要放开"Ctrl"键，拖动平滑点上的方向点，可以调整该点两侧的路径段，也可以移动该锚点，如图 3-5-19、图 3-5-20 所示。如果要调整路径形状，可以将光标放在需要调整的锚点上，按住"Alt"键切换为"转换点工具"，则可以单独调整方向线一侧的路径段，而另一侧不会受到影响，如图 3-5-21、图 3-5-22 所示。

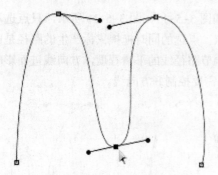
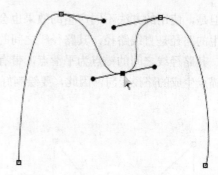

图 3-5-19　按住"Ctrl"键后光标状态　　　图 3-5-20　按住"Ctrl"键移动方向点及锚点

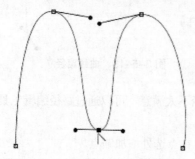
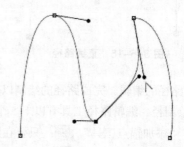

图 3-5-21　按住"Alt"键光标状态　　　图 3-5-22　按住"Alt"键拖动方向

7. "路径"面板的使用。路径绘制完成之后，可以通过"路径"面板进行路径的编辑与管理，如创建新路径，将路径转换成选区、用画笔描边路径、填充路径等。执行"窗口"—"路径"命令可打开"路径"面板，如图 3-5-23 所示。将工作路径拖入面板下方的"创建新路径"图标可复制工作路径。

（1）将路径作为选区载入：即在创建好路径后，单击如图 3-5-24 所示"路径"面板下的"将路径作为选区载入"图标，即可将路径转换为选区。图 3-5-26 所示就是将图 3-5-25 中的路径转换成选区后得到的效果。

（2）从选区生成工作路径：当创建好图像选区后，发现仍有令人不满意的地方，而选区又不方便修改，此时可以在如图 3-5-24 所示"路径"面板下单击"从选区生成工作路径"图标，将选区转换成路径。再用"直接选择工具"对路径进行调整。

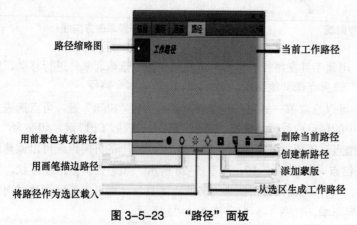

图 3-5-23　"路径"面板　　　　　　　图 3-5-24　工作路径

图 3-5-25 将路径转换为选区

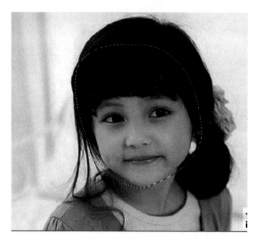

图 3-5-26 效果

【任务拓展】绘制保龄球

1. 新建一个文件，设置"宽度"和"高度"为 15 厘米 ×18 厘米，"分辨率"为 72 像素/英寸，"颜色模式"为 RGB 颜色。

2. 执行"视图"—"显示"—"网络"命令，选择"椭圆工具"，参数设置如图 3-5-27 所示，以网格为参照绘制椭圆形，如图 3-5-28 所示。

操作视频

3. 选择"直接选择工具"仔细调整锚点，将椭圆形调整为保龄球的外形，如图 3-5-29 所示。

4. 在"路径"面板下单击 图标，将路径转换为选区，并新建"图层 1"，用"渐变工具"填充渐变色，如图 3-5-30 所示。

5. 在"矩形选框工具"属性栏中选择"交叉"选项，在保龄球的颈部绘制矩形选区，得到相交的选区，如图 3-5-31 所示。再选择"减选"选项，将选区从中间断开，如图 3-5-32 所示。用"渐变工具"填充渐变红色，再按"Ctrl+D"键取消选区，如图 3-5-33 所示。

图 3-5-27 "椭圆工具"参数设置

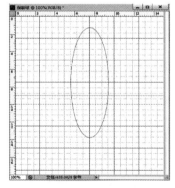

图 3-5-28 绘制椭圆

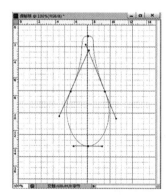

图 3-5-29 调整椭圆

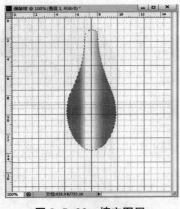

图 3-5-30 填充图层

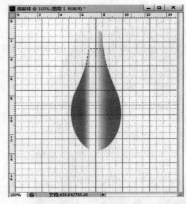

图 3-5-31 相交选区

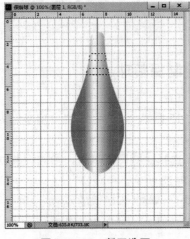

图 3-5-32 断开选区

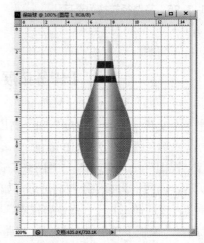

图 3-5-33 填充选区

6. 用"文字工具"和"圆形选框工具"等绘制一些附带的球身装饰，如图 3-5-34 所示。

7. 用"矩形选框工具"在球的底部绘制一个矩形选区，在"路径"面板下单击 ◇ 图标将其转换为路径，在矩形中间添加一个锚点，用"直接选择工具"将其调整出球的底座形状，如图 3-5-35 所示。

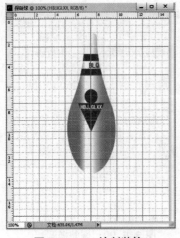

图 3-5-34 绘制装饰

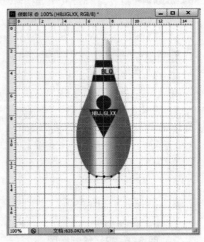

图 3-5-35 绘制底部区域

8．按 ⋮⋮ 图标将其转化为选区，后定位到"图层1"上，按"Delete"键删除选中的部分，如图3-5-36所示。

9．按"Ctrl+D"键取消选区，在"图层1"上执行"选择"—"载入选区"命令（或按住"Ctrl"键，单击"图层1"的图标处），将保龄球的选区调出，用"圆形选框工具"在其属性栏中选择"减选"项，在图像中绘制圆形选区，留下底座的一小部分选区，如图3-5-37所示。新建"图层3"，用"渐变工具"填充渐变色，如图3-5-38所示。

10．按"Ctrl+D"键取消选区，合并除背景外的所有图层，并按"Ctrl+T"键调整保龄球的大小和位置。

11．关闭参考线和网格，按住"Alt"键拖动保龄球，完成复制多个效果（图3-5-39）。如位置不齐，可以选择多个图层，在"移动工具"属性栏，如图3-5-40所示。进行对齐排列，并调整图层副本位置，形成如图3-5-39所示效果。

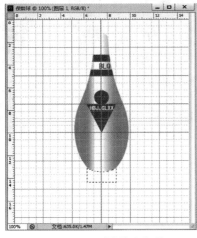

图 3-5-36　删除选中部分

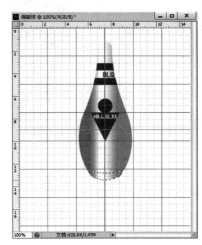

图 3-5-37　制作底座选区

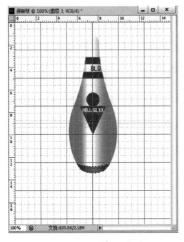

图 3-5-38　填充底座

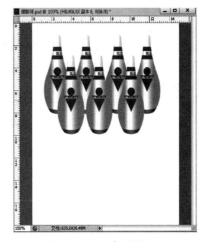

图 3-5-39　复制图层

图 3-5-40　"移动工具"属性栏

12．打开素材文件夹中的"场地.jpg"图像文件，用移动工具将绘制的保龄球放置在场景中，按"Ctrl+T"键调整到合适大小，并移到最底层，如图 3-5-41 所示。

13．同时选中所用保龄球图层，并按"Ctrl+T"键将整体调整到合适大小和位置，如图 3-5-42 所示。

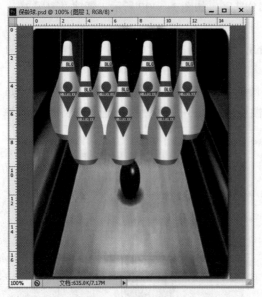
图 3-5-41　添加场地

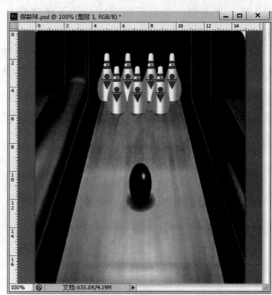
图 3-5-42　调整位置

14．按"Ctrl+S"键把图保存到合适位置。

项目评价

本项目主要介绍 Photoshop 软件的界面组成，面板的操作使用方法，新建和打开图像文件，以及如何保存文件，对图像文件进行大小、模式、颜色的修改。完成本项目任务后，你有何收获，为自己做个评价吧！

分类＼评价	很满意	满意	还可以	不满意
任务完成情况				
与同组成员沟通及协调情况				
知识掌握情况				
体会与经验				

巩固与提高

【知识巩固】

选择题

（1）使用下列（　　）工具可以快速建立矩形选区。

A. 矩形选框工具　　B. 套索工具　　C. 魔棒工具

（2）使用"多边形套索工具"创建选区的时候，如果中途发生错误而想取消上一个描绘动作，此时按下（　　）键就可以退回一步。

A. Back Space 键　　B. Delete 键　　C. Esc 键

（3）使用下列（　　）工具可以选取某一颜色相近的图像区域。

A. 磁性套索工具　　B. 套索工具　　C. 魔棒工具

（4）使用"魔棒工具"选取图像时，其"容差"值最大可设定为（　　）。

A. 100　　B. 255　　C. 256

（5）想使选区产生边框效果，应使用（　　）方法。

A. 执行"选择"—"修改"—"扩展"命令

B. 执行"选择"—"修改"—"边界"命令

C. 执行"选择"—"变换选区"命令

（6）使用下列（　　），可以在图像上绘制曲线路径。

A. 画笔工具　　B. 铅笔工具　　C. 钢笔工具

【技能提高】

1. 制作光盘。

提示：制作多个同心圆，并填充不同颜色和效果，如图 3-6-1 所示。

2. 制作标志，如图 3-6-2 所示。

3. 制作新娘。

要求：根据给定的"新娘"素材和"树林"素材制作出如图 3-6-3 所示效果。

图 3-6-1　制作多个同心圆

图 3-6-2　制作标志

图 3-6-3　制作新娘

项目 4　图形图像修复

学习目标：

- 学会污点修复画笔工具、修补工具和图案图章工具的使用
- 学会橡皮擦工具和红眼工具的使用
- 学会颜色替换工具的使用
- 学会画笔工具和自定义画笔的使用
- 学会形状工具和路径工具的使用
- 学会涂抹工具、加深工具和减淡工具的使用

任务 1　去水印

【任务分析】

学习 Photoshop 的过程中，我们不可避免要经常使用各种网络图片素材，但是大部分图片上都有水印，影响我们的使用。本次任务学习使用污点修复画笔工具、修补工具和仿制工具去掉水印。污点修复画笔工具可以快速移去照片中的污点和其他不理想部分；修补工具可以用其他区域或图案中的像素来修复选中的区域；仿制图章工具主要用来复制取样的图像。下面一起学习如何去掉"逆风飞翔.jpg"图像文件中的所有文本和水印。

【任务步骤】

1. 启动 Photoshop 软件，执行"文件"—"打开"命令，打开"逆风飞翔.jpg"图像文件，如图 4-1-1 所示。

操作视频

2. 去除图片右下角水印，为了便于清晰地观察图片，在左侧的工具箱中选择"缩放工具"或执行"视图"—"200%"命令，图像以 200% 显示，如图 4-1-2 所示。

3. 选择工具箱中的"修补工具"（或按快捷键"J"），使鼠标指针沿"@微博 wilma"边缘走，到起始点结束，然后按"Ctrl+Enter"键，转化为选区，如图 4-1-3 所示。

图 4-1-1 "逆风飞翔"图片

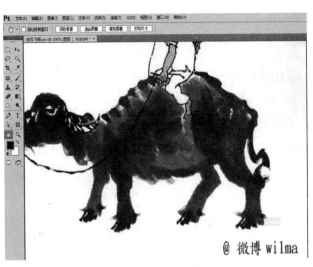

图 4-1-2 放大后的图片

4．在选区按住鼠标左键向左拖动，注意只能用相近的区域覆盖原选区，切不可随意覆盖。按下快捷键"Ctrl+D"取消选区，去除"@微博wilma"水印，如图4-1-4所示。按照刚才的方法选择工具箱中的"修补工具"（或按快捷键"J"），用鼠标指针沿"古诗"边缘走，到起始点结束，然后按"Ctrl+Enter"键，转化为选区，如图4-1-5所示。

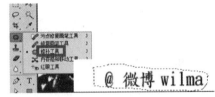

图 4-1-3 快速选择

图 4-1-4 去除微博名称水印

图 4-1-5 确定"古诗"选区

5．在选区按住鼠标左键向左拖动，注意只能用相近的区域覆盖原选区，切不可随意覆盖。按下快捷键"Ctrl+D"取消选区，去除"古诗"水印，如图4-1-6所示。

6．单击左边工具箱的"修补工具"，然后单击"污点修复画笔工具"按钮，调整画笔的大小，模式选择"正常"，对文字"逆风飞翔"的所有笔画进行逐个单击，去除文字的水印，如图4-1-7所示。

项目4 图形图像修复 | 111

7. 选择 Photoshop 中的"仿制图章工具"修复风筝线的断点。将光标移到风筝线的任一位置并按住"Alt"键取样,再将光标放到风筝线的断点位置拖动,修补风筝线,如图 4-1-8 所示。

【注意】采样点即复制的起始点。选择不同的笔刷直径会影响绘制的范围,而不同的笔刷硬度会影响绘制区域的边缘融合效果。

8. 去除水印的最终效果,如图 4-1-9 所示。执行"文件"—"存储"命令,将文件保存为"水印.jpg"。

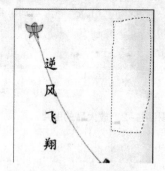

图 4-1-6 去除"古诗"水印

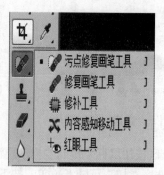

图 4-1-7 "污点修复画笔工具"

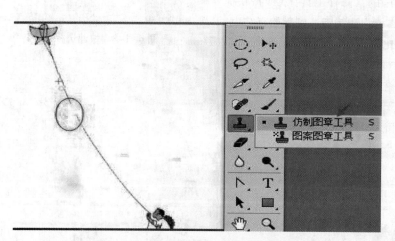

图 4-1-8 "仿制图章工具"修补断点

图 4-1-9 去除水印效果

【相关知识】

1. "修补工具"

"修补工具"可修改有明显裂痕或污点等有缺陷或者需要更改的图像,如图 4-1-10 所示。选择需要修复的选区,拉取需要修复的选区拖动到附近完好的区域方可实现修补。一般用于修复照片的话可以用来修复一些大面积的皱纹之类的,细节处理则需要用"仿制图章工具"。

图 4-1-10 "修补工具"属性栏

选择状态为"源"的时候，拉取污点选区到完好区域实现修补。

选择状态为"目标"的时候，选取足够盖住污点区域的选区拖动到污点区域，盖住污点实现修补。

2."污点修复画笔工具"

"污点修复画笔工具"不需要定义原点，只需要确定需要修复的图像位置，调整好画笔大小，移动鼠标就会在确定需要修复的位置自动匹配，所以在实际应用时比较实用，而且操作也简单，如图4-1-11所示。

图4-1-11 "污点修复画笔工具"属性栏

3."仿制图章工具"常用方法

在工具箱中选取"仿制图章工具"，然后将鼠标移动到要被复制的图像上，在要复制的图像位置按住"Alt"键单击一下进行定点选样，这样复制的图像被保存到剪贴板中，在其他位置单击即可将取样点信息复制到该位置，通过连续拖拽鼠标取样点也会一起移动，从而可以达到复制图像的效果。

4."污点修复画笔工具"和"仿制图章工具"的区别

（1）"仿制图章工具"将定义取样点全复制到目标位置，而"污点修复画笔工具"会加入目标点的纹理、阴影、光线等因素。在背景、光线相接近时可用"仿制图章工具"，如有差别可以用"污点修复画笔工具"。

（2）"仿制图章工具"是直接将选择的区域保持不变地复制到目标区域。而"污点修复画笔工具"要把源（按"Alt"键选择的区域）经过计算机的计算，融合到目标区域，就像画笔一样。

5."红眼工具"

"红眼工具"主要包括瞳孔大小和变暗量的设置，如图4-1-12所示。"瞳孔大小"用于设置修复瞳孔范围的大小，"变暗量"用于设置修复范围的颜色的亮度。

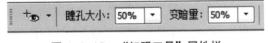

图4-1-12 "红眼工具"属性栏

6."橡皮擦工具"

"橡皮擦工具"主要负责擦除图像，属性主要包括橡皮擦的大小、软硬程度、模式和不透明度，如图4-1-13所示。

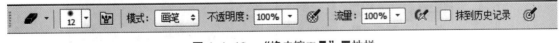

图4-1-13 "橡皮擦工具"属性栏

（1）模式包括画笔、铅笔和块。如果选择"画笔"，它的边缘显得柔和也可以改变其软硬度；如果选择"铅笔"，擦去的边缘就显得尖锐；如果选择"块"，擦出来的效果就变成了一个块。

（2）使用方法是：在工具箱中选择"橡皮擦工具"，设置工具属性栏中的"模式""不透明度"和"流量"等参数，再将鼠标移动到需要删除图像的区域进行涂抹。如果想使用"橡皮擦工具"

让被擦除的区域变成透明的，只需在其工具属性栏中将"不透明度"和"流量"值降低，再进行擦除就会出现透明效果了。

7. "背景色橡皮擦工具"

"背景色橡皮擦工具"可快速擦除图像的背景，且不会在被删除的地方自动填充颜色，工具栏属性如图 4-1-14 所示。

（1）取样包括："连续""一次"和"背景色版"。

"连续"：鼠标指针中心点所接触的颜色都会被擦除掉。

"一次"：只有在第一次接触到的颜色才会被擦掉。

"背景色版"：擦掉的仅仅是背景色及设定的颜色。

（2）限制也有 3 种选择："不连接""邻近"和"查找边缘"。

"不连续"：鼠标指针中心点周围所覆盖的颜色被擦掉。

"邻近"：发现鼠标指针中心的颜色被擦掉，而线条外面的颜色却没被擦掉。

"查找边缘"：利用鼠标在颜色接触边缘处单击，我们发现只有边缘处的颜色被擦掉，而其他的颜色并没有被擦掉。

（3）"容差"："容差"值主要设置颜色擦除范围，"容差"越高，擦除的范围就越大。

图 4-1-14 "背景色橡皮擦工具"属性栏

【任务拓展】红眼兔

【任务步骤】

1. 启动 Photoshop CS6 软件，执行"文件—打开"命令（按住快捷键"Ctrl+O"），打开"红眼兔.jpg"图像文件，如图 4-1-15 所示。在左侧工具箱中选择"缩放工具"，在缩放属性工具栏中选择"放大"按钮 ，在图像中单击放大图像。

操作视频

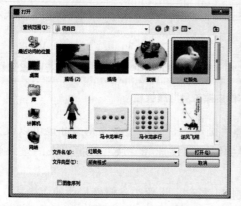

图 4-1-15 红眼兔

2．在左侧工具栏选择"红眼工具"，如图4-1-16所示。单击图片中兔子的眼睛，如图4-1-17所示。

3．在工具箱上右击橡皮擦工具组，出现3个橡皮擦工具，选"魔术橡皮擦工具"，如图4-1-18所示。设置"容差"值为32，取消勾选连续，因为图中的草绿色均匀，用"魔术橡皮擦工具"（或快捷键"E"），在背景上单击去背景，如图4-1-19所示。

4．执行"文件"—"打开"命令，打开背景素材图片，按"Ctrl+A"键全选，再按"Ctrl+C"键复制图片，切换到"兔子"图像中，按下快捷键"Ctrl+V"，把粘贴的图层放到背景层的下面（先解锁背景层），即可实现换背景，效果图如图4-1-20（b）所示。

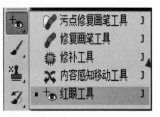

图4-1-16 "红眼工具"

图4-1-17 眼睛变黑

图4-1-18 橡皮擦工具组

图4-1-19 去背景

（a）背景图片；

（b）效果图

图4-1-20 丛林中的兔子

5．选择"兔子"图层，并使用"编辑"—"自由变换"功能（或直接按"Ctrl+T"键）改变兔子的位置和大小，如图4-1-21（a）所示。

6．复制多个"兔子"图层，并调整图层图像的大小和位置，得到如图4-1-21（b）所示效果。

(a)改变兔子位置和大小； (b)复制多个"兔子"图层

图 4-1-21　丛林兔子

7．选择所有图层并合并图层。
8．执行"文件"—"存储"命令，将文件保存为"丛林兔子 .jpg"。

任务 2　催熟苹果

【任务分析】

Photoshop 中的"颜色替换工具"能够简化图像中特定颜色的替换。本任务我们用 Photoshop 中的颜色替换功能完成以下实例，可以在保留图像纹理和阴影的情况下，给图片上色，将青苹果变成红苹果。

【任务步骤】

1．启动 Photoshop CS6 软件，执行"文件"—"打开"命令（或快捷键"Ctrl+O"），打开"青苹果 .jpg"图像文件，如图 4-2-1 所示。
2．选择工具箱中的"魔棒工具"，如图 4-2-2 所示。

操作视频

图 4-2-1　"青苹果"

图 4-2-2　"魔棒工具"

3．在工具属性栏中设置相关属性，如图 4-2-3 所示。

图 4-2-3 "魔棒工具"属性设置

4．用"魔棒工具"在苹果中单击，将图片中的苹果建立选区，如图 4-2-4 所示。
5．单击工具箱中的"设置前景色"，将前景色设置为红色，如图 4-2-5 所示。

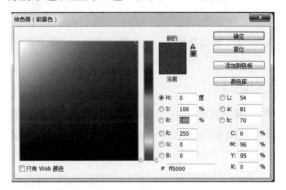

图 4-2-4 选区　　　　　　　　　　图 4-2-5 前景色设置

6．选择工具箱中的"颜色替换工具"，并在属性工具栏中设置属性，如图 4-2-6 所示。

图 4-2-6 颜色替换工具与属性栏

7．用"颜色替换工具"在选区内涂抹，苹果变成红色，如图 4-2-7 所示。
8．打开素材文件夹中的"苹果树.jpg"图像文件，用"移动工具"（图 4-2-8）将"红苹果"移动到"苹果树"文件（图 4-2-9）中，执行"编辑"—"自由变换"命令（或直接按"Ctrl+T"键），改变苹果的位置和大小，如图 4-2-10 所示。
9．将"苹果"图层复制多个，并改变苹果大小、移动、旋转，调整图层的位置。
10．执行"图层"—"合并可见图层"命令，将"苹果"图层合并，如图 4-2-11 所示。
11．输入文字，执行"文件"—"存储"命令，将文件保存为"苹果熟了.jpg"，如图 4-2-12 所示。

　　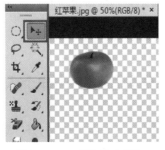　　

图 4-2-7 红苹果　　　　图 4-2-8 "移动工具"　　　图 4-2-9 苹果树

项目 4　图形图像修复　117

图 4-2-10　移动苹果　　　　图 4-2-11　将"苹果"图层合并　　　图 4-2-12　苹果熟了

【相关知识】

1. 用"颜色替换工具"在特定区域涂抹，可以替换指定颜色。

"颜色替换工具"的选项栏包括画笔、模式、取样、限制、容差和消除锯齿，如图 4-2-13 所示。

图 4-2-13　"颜色替换工具"属性栏

（1）模式：设置新色与替换色的混合模式，如图 4-2-14 所示。

（2）色相——纯粹的颜色。

（3）饱和度——色相浓淡。

（4）明度——色相亮暗。

（5）颜色——由三者组成。

2. 取样方式：确定要替换颜色的取样方式。

一次：第一次单击时颜色即要被替换的颜色。

图 4-2-14　模式

连续：随鼠标拖动动态取样，不断以鼠标指针所在位置颜色作为被替换颜色。

背景色板：将 Photoshop 当前的背景色替换为当前 Photoshop 的前景色，要替换图像背景，须先将图像背景指定为画笔当前的背景。

3. 限制：替换颜色的限制方式有如下 3 种（图 4-2-15）：

连续：替换鼠标指针邻近区域的颜色。

不连续：只替换鼠标指针位置的颜色。

查找边缘：替换指定颜色的相连区域，并保留邻近色的边缘。

图 4-2-15　限制

4. 容差：值为 1～100。值越小与指定色越相近，颜色容许范围越小限制。

5. 消除锯齿：被替换区域具有平滑的边缘。

【任务拓展】制作个人相册

1. 启动 Photoshop CS6 软件，执行"文件"—"打开"命令（或快捷键"Ctrl+O"）打开"换装.jpg"图像文件，如图 4-2-16 所示。

2. 选择工具箱中的"颜色替换工具"，如图 4-2-17 所示。设置"模式"为颜色，

操作视频

"限制"为连续,"容差"为30%,并将前景色设置为灰色,如图4-2-18所示。

3. 然后在蓝衣服上拖拽鼠标指针,开始替换目标颜色,如图4-2-19所示。

4. 将素材文件夹中的"相框.jpg"图像文件(图4-2-20)拖动到文件中,用自由变换功能调整人物的大小和位置,如图4-2-21所示。

5. 执行"文件"—"存储"命令,将文件保存为"换装相册.jpg"。

图4-2-16 "换装"

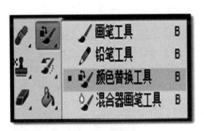

图4-2-17 "颜色替换工具"

图4-2-18 前景色

图4-2-19 换为灰色

图4-2-20 相框

图4-2-21 相册

任务3 制作草地

【任务分析】

画笔工具是 Photoshop 工具箱中较为重要及复杂的一款工具,它的使用方法和实际中利用毛笔在画纸上绘画是一样的,可绘出边缘柔软的效果,使用起来也不是很难。下面我们要学习属性设置,如设置画笔大小、硬度、不透明度、流量等,并能绘制出小草的效果。

【任务步骤】

1. 启动 Photoshop CS6 软件，执行"文件"—"打开"命令（按住快捷键"Ctrl+O"），打开"操场 .jpg"图像文件，如图 4-3-1 所示。

操作视频

2. 选择工具箱中的"画笔工具"（或按快捷键"Shift+B"或执行"窗口"—"画笔"命令），如图 4-3-2 所示。

图 4-3-1　"操场"

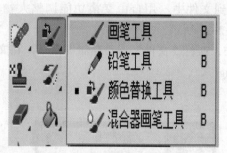

图 4-3-2　"画笔工具"

3. 执行"窗口"—"画笔"命令（或按快捷键"F5"），打开"画笔"面板，如图 4-3-3 所示。

4. 设置画笔笔尖样式，选择一个尖角画笔，即图中大小为 30 像素的原点，将"圆度"设置为 4%，使其变成较扁的形状，同时将"角度"设置为 90°，使其达到竖立的效果，最后将"硬度"设置为 42% 柔化边角的锯齿，"间距"设置为 1000% 方便将笔刷分开，如图 4-3-4 所示。

5. 将"形状动态"中的"大小抖动"设置为 63%，"角度抖动"设置为 10%，如图 4-3-5 所示。

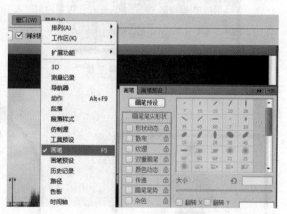

图 4-3-3　"画笔"面板

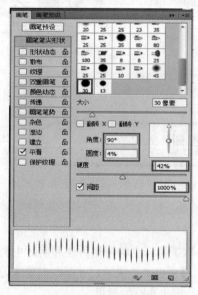

图 4-3-4　笔尖形状

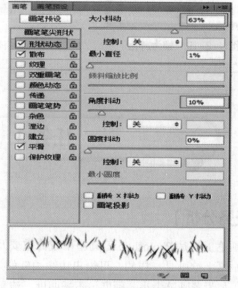

图 4-3-5　"形状动态"

6. 将"颜色动态"的"背景抖动"设置为 43%，其他参数按需求设置，如图 4-3-6 所示。
7. 将前景色设置为绿色，并在图中空地中涂抹画笔，实现绿化的效果，如图 4-3-7 所示。
8. 执行"文件"—"存储"命令，将文件保存为"小草青青.jpg"。

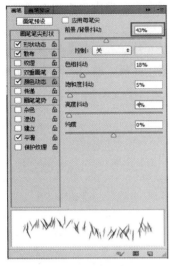

图 4-3-6　参数设置

图 4-3-7　绿化效果

【相关知识】

1. 画笔工具

"画笔工具"的选项栏包括画笔、模式、不透明度、流量和喷枪，如图 4-3-8 所示。

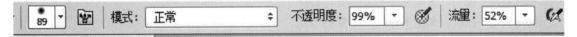

图 4-3-8　"画笔工具"的选项栏

（1）"画笔下拉"面板：单击该按钮，在打开的下拉列表中选择调整 Photoshop CS6 画笔直径大小以及画笔大小。可选择预设的各种画笔，选择画笔后再次单击"扩展"按钮，可将弹出式面板关闭。

（2）"画笔预设"面板：可以更改不同的画笔样式。

（3）模式：在"模式"后面的弹出式菜单中可选择不同的混合模式，即画笔的色彩与下面图像的混合模式；可根据需要从中选取一种着色模式。

（4）不透明度：可设定画笔的"不透明度"，该选项用于设置 Photoshop 画笔颜色的透明程度，取值为 0%～100%，取值越大，画笔颜色的不透明度越高，取 0%时，画笔是透明的。按下小键盘中的数字键可以调整工具的不透明度。按下 1 时，不透明度为 10%；按下 5 时，不透明度为 50%；按下 0 时，不透明度会恢复为 100%。不透明度 20% 和不透明度 100% 分别如图 4-3-9、图 4-3-10 所示。

图 4-3-9　不透明度 20%

图 4-3-10　不透明度 100%

（5）绘图板压力控制不透明度：覆盖 Photoshop CS6 画笔面板设置。

（6）流量：此选项设置与不透明度有些类似，指画笔颜色的喷出浓度，这里的不同之处在于不透明度是指整体颜色的浓度，而喷出量是指画笔颜色的浓度。

（7）启用喷枪模式：单击工具选项栏中的喷枪图标，图标凹下去表示选中喷枪效果；再次单击该图标，表示取消喷枪效果。

2．修改画笔

按"F5"键或执行"窗口"—"画笔"命令，可以打开"画笔"面板，通过"画笔"面板可以修改画笔的参数。

（1）画笔笔尖形状设置（图 4-3-11）。

笔尖形状包含直径、硬度、间距、角度和圆度等属性。

直径：可控制画笔的大小。

硬度：控制画笔硬度中心的大小，数值越小，画笔边缘越模糊。

间距：控制画笔笔尖之间的距离，数值越小，间隔距离越小。

角度：画笔长轴与水平线的偏角。

圆度：控制原形笔尖长短轴的比例。

翻转 X/翻转 Y：可以改变画笔笔尖在 X 轴/Y 轴上的方向。

（2）形状动态（图 4-3-12）。

大小抖动：控制画笔抖动的变化程度。

控制：确定画笔笔迹变化的方式。

最小直径：决定画笔笔迹可以缩放的最小百分比，数值越小，画笔抖动变化越大。

倾斜缩放比例：勾选"控制"下拉列表中的"钢笔斜度"，才会被激活。

角度抖动/控制：画笔笔迹角度的变化程度。

圆度抖动/控制：画笔笔迹圆度改变的方式。

翻转 X/Y 轴抖动：设置笔尖在 X/Y 轴上的方向。

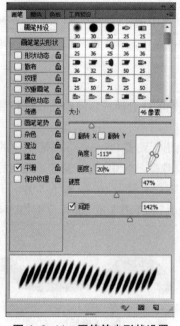

图 4-3-11　画笔笔尖形状设置

图 4-3-12　形状动态

（3）颜色动态（图 4-3-13）。

颜色动态用于设定画笔的色彩性质。

前景/背景抖动：设置画笔颜色在前景色和背景色之间的变化程度。

色相抖动：设置笔迹颜色色相的变化程度。

饱和度抖动：设置画笔笔迹颜色的饱和度变化程度。

亮度抖动：设置画笔笔迹颜色亮度的变化程度。

纯度：设定画笔笔迹颜色纯度的变化程度。

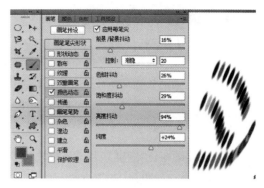

图 4-3-13　颜色动态画笔设置

【任务拓展】自制星星画笔

操作视频

1. 执行"文件"—"新建"命令，新建一个"宽度"和"高度"为 500 像素 ×300 像素的文档。
2. 按"F5"键在"画笔"面板中设置参数，"圆度"为 2%，"硬度"为 0%，如图 4-3-14 所示。
3. 新建"图层 1"，用鼠标在画布中单击画出一个"横"笔画，按"Ctrl+J"键复制 1 个图层 1 副本，按"Ctrl+T"键旋转"图层 1 副本"中"笔画"到垂直方向，用同样的方法复制两个"笔画"图层，调整笔画方向为倾斜 45°和 -45°，隐藏背景层，执行"图层"—"合并可见层"命令，将可见层合并为一个图层，如图 4-3-15 所示。

【小技巧】旋转笔画时，可以按住"Shift"键，旋转"笔画"，则可以看到旋转角度的变化。

图 4-3-14　设置画笔笔尖形状参数

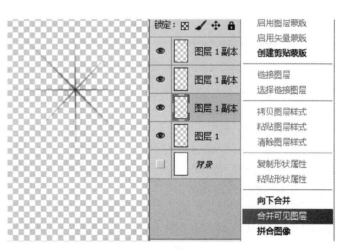

图 4-3-15　合并笔画图层

项目 4　图形图像修复

4．选择合并后的图层，执行"编辑"—"定义预设画笔"命令，在弹出的对话框中输入名称"星星"，如图4-3-16所示。

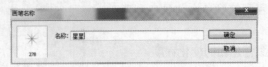

图4-3-16 定义画笔

5．新建画布，"宽度"和"高度"为500厘米×500厘米，单击画笔，选择"星星"笔尖，调整笔尖大小，如图4-3-17所示。

6．在画布中绘出如图4-3-18的形状，执行"文件"—"存储"命令，将文件保存为"心形.jpg"。

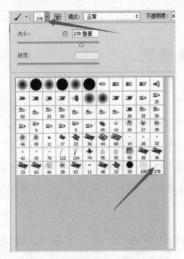

图4-3-17 选择"星星"画笔　　　　图4-3-18 绘制图案

任务4　制作水滴Logo

【任务分析】

　　Photoshop中的路径工具是工具栏中常用的一个工具，本任务是学习水滴渐变带的制作方法，利用形状区域相交以及减去顶层形状，路径操作还可以对水滴的渐变带进行弯曲。本次任务的难点是理解与掌握路径操作的方法，根据不同的设计来选择不同的路径操作，还有要熟练地利用路径的锚点来调整曲线的弧度。

【任务步骤】

　　1．启动Photoshop CS6软件，执行"文件"—"新建"命令，新建画布，设置"宽度"和"高度"为800厘米×600厘米，如图4-4-1所示。

操作视频

2. 用"椭圆工具"（或快捷键"U"）绘制一个椭圆，"宽度"和"高度"为500厘米×500厘米，填充为黑色，命名为"椭圆1"，如图4-4-2所示。

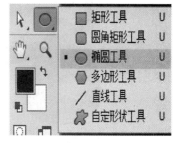

图 4-4-1　新建画布　　　　　　　　　图 4-4-2　椭圆工具添加与填充

3. 选择"路径选择工具"，单击椭圆，可以显示出路径以及4个锚点，然后选择"直接选择工具"，框选最上面的锚点并向上移动，接着拖动控制柄，使之变为尖角，再框选下方的锚点，向上拖动，如图4-4-3所示。

图 4-4-3　"直接选择工具"与形状改变

4. 继续选择"形状工具"中"矩形工具"画出一个矩形，执行"编辑"—"变换路径"—"变形"命令，拖动两侧的控制柄以及网格线，使矩形变为弯曲的状态，如图4-4-4［(b)］所示；按住快捷键"Ctrl+T"键旋转到合适的位置，选择"直接选择工具"，然后单击锚点，右击选择删去多余的锚点，继续调整曲线的弧度，如图4-4-4［(c)］所示，本图层命名为"矩形1"。

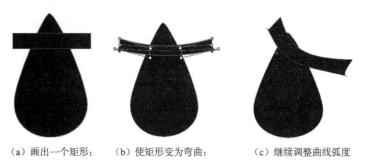

（a）画出一个矩形；　　（b）使矩形变为弯曲；　　（c）继续调整曲线弧度

图 4-4-4　变形过程

5. 拖动"矩形1"图层到"新建图层"按钮上，复制出4份副本图层，图层名称分别为"矩形1副本""矩形1副本1""矩形1副本2""矩形1副本3"，隐藏这4个副本图层。

6. 再次拖动"椭圆1"图层到"新建图层"按钮上，复制出4份副本图层，图层名称分别为"椭圆1副本""椭圆1副本1""椭圆1副本2""椭圆1副本3"，并隐藏这4个副本图层。

7. 按"Ctrl"键分别选择"矩形1"和"椭圆1"2个图层，右击选择"合并形状"，合并后的图层为"矩形1"，用"路径选择工具"单击"矩形1"中变形后的矩形，然后勾选选项栏

中的与形状区域相交,显示两个形状相交的部分,然后移动锚点的同时改变形状,接下来调整一下锚点,让曲线更加平滑,如图4-4-5所示。

 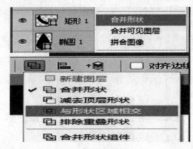 

图4-4-5　合并形状

8．将"矩形1副本"和"椭圆1副本"图层显示,用"路径选择工具"选择"矩形1副本"图层中矩形条,移动到第一条渐变带的下方,按"Ctrl"键分别选择这两个图层,右击选择"合并形状",合并后的图层为"矩形1副本",用"路径选择工具" ，单击"矩形1副本"中变形后的矩形,然后勾选选项栏中的"与形状区域相交",显示两个形状相交的部分作为第2条渐变带,如图4-4-6[(a)]所示。

9．重复上面的操作,将"矩形1副本1"与"椭圆1副本1""矩形1副本2"与"椭圆1副本2""矩形1副本3"与"椭圆1副本3"合并形状,并移动矩形带位置,使它们均匀排列,如图4-4-6[(b)][(c)]所示。

(a) 添加第2条渐变带;　　(b) 继续添加渐变带;　　(c) 使渐变带均匀排列

图4-4-6　渐变带的添加

10．选中所有图层—合并可见图层,如图4-4-7所示。

11．添加文字水滴元素设计,设置字体为华文隶书,大小为800,样式为下拱形,最终效果如图4-4-8所示。

12．执行"文件"—"存储"命令,将文件保存为"水滴logo.jpg"。

图4-4-7　合并可见图层　　　　　图4-4-8　水滴logo

【相关知识】

Photoshop 的形状工具有"矩形工具""圆角矩形工具""椭圆工具""多边形工具""直线工具"及"自定义形状工具"。"属性"面板如图4-4-9所示。

图 4-4-9 "属性"面板

1．形状填充（图4-4-10）类型为无填充、纯色填充、渐变填充、图案填充和拾色器。

2．形状的描边（图4-4-11）。主要包括描边的位置（外部、内部、居中）、类型（实线还是虚线）、粗细（描边的宽度）。

对齐：描边的位置。

端点：线段两头的类型。

角点：角的类型。

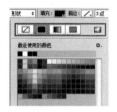

图 4-4-10 形状填充

图 4-4-11 形状描边

3．形状的组合方式（图4-4-12）。

新建图层：新建一个形状的同时新建一个图层。

合并形状：把新画的形状与之前画的形状合并在同一个图层。

减去顶层形状：新建的形状在原先形状中的镂空（两个形状在同一个图层）。

与形状区域相交：显示两个形状的交叉部分。

排除重叠形状：两个形状相交部分为空白。

4．形状的属性（图4-4-13）。"羽化"值在形状图层里可以随意修改，"浓度"值可以修改形状图层的颜色。

图 4-4-12 形状组合方式

图 4-4-13 形状属性

5．路径的编辑是对路径的锚点进行编辑。

（1）"路径选择工具"：选择的是路径的整体，快捷键是"A"，按住"Alt"键可以复制路径，按"Shift"键加选，可以复制多条路径。

项目 4 图形图像修复 | 127

（2）"直接选择工具"：选择的是路径的个体，选择节点用"Shift+A"键切换，也可以先拖动或框选，选择多个节点，也可以按住"Shift"键加选或减选某节点。

【任务拓展】制作卡通人

操作视频

1. 执行"文件"—"新建"命令，创建一个"宽度"和"高度"为 400 厘米 ×400 厘米的画布。

2. 单击"形状工具"按钮，创建一个椭圆形状，填充为黄色，如图 4-4-14 所示。单击"直接选择工具"按钮，选择锚点并且拖动改变形状，如图 4-4-15 所示。

图 4-4-14　椭圆

3. 用"椭圆工具"填充两个椭圆（椭圆大小为 66×54，填充色为黑色，描边为白色，描边大小为 10），画眼睛，同时将背景色填充为黑色，如图 4-4-16 所示。

4. 用"椭圆工具"画两个胳膊，先填充一个椭圆，单击"直接选择工具"按钮，选择锚点改变形状，然后复制该形状，进行反转，如图 4-4-17 所示。

5. 用"椭圆工具"画两个绿色的装饰，先填充一个椭圆，单击"直接选择工具"按钮，选择锚点改变形状，然后复制该形状，进行反转，如图 4-4-18 所示。

图 4-4-15　路径调整

6. 执行"文件"—"存储"命令，将文件保存为"卡通人.jpg"。

图 4-4-16　画眼睛　　　　图 4-4-17　画两个胳膊　　　　图 4-4-18　画装饰

任务 5　制作蜡烛

【任务分析】

本任务主要运用了"涂抹工具""加深工具"和"减淡工具"，绘制了一支蜡烛，并将其合理布局在生日蛋糕上，下面让我们一起来学习吧。

【任务步骤】

1. 启动 Photoshop CS6 软件，执行"文件"—"新建"命令，新建图层，设置"宽度"和"高度"为 600 厘米 ×400 厘米，填充色为黑色，命名为"香蕉蜡烛"，如图 4-5-1 所示。

操作视频

2. 用"圆角矩形工具"画一个长矩形，圆角半径为 10 像素，设前景色为紫色，背景色为暗红色，如图 4-5-2 所示。用"渐变工具"从上至下拉出一个由浅到深的渐变，如图 4-5-3 所示。

3. 按住"Shift"键，用"减淡工具"在蜡烛表面上从上至下涂一条高光，如图 4-5-4 所示。

图 4-5-1　新建文件

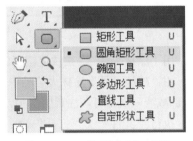

图 4-5-2　"圆角矩形工具"

图 4-5-3　渐变效果

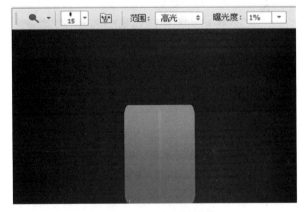

图 4-5-4　添加"高光"

4. 选择"加深工具"，笔触大一点，在蜡烛的下半截从上至下涂一次，使下部更暗，如图 4-5-5 所示。

5. 选择"减淡工具"，笔触大一点，在蜡烛的顶端从左至右涂一次，使顶部更亮，因为烛光会照亮这里，如图 4-5-6 所示。

图 4-5-5　底部颜色加深

图 4-5-6　顶部颜色减淡

6. 选择"自定义形状工具",单击红圈内三角形调出其菜单,选择"全部"替换当前形状,然后选择红圈内的水滴形状,在蜡烛项部画出烛火,并将颜色填充为橙色,如图4-5-7所示。

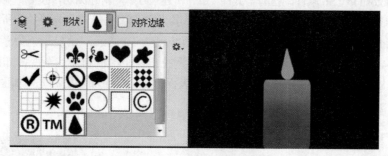

图 4-5-7　添加火焰形状

7. 用"涂抹工具"(按快捷键"R")将烛火涂抹成扭曲的形状,如图4-5-8所示。
8. 用"减淡工具"涂抹火焰的中部,反复涂抹使中部亮到发白,用"加深工具"涂抹火焰根部,顶部减淡一次即可,注意层次感。
9. 执行"文件"—"打开"命令,打开图片"生日蛋糕",如图4-5-9所示,单击左侧工具箱中的"移动工具"移动每根蜡烛,执行"编辑"—"自由变换"命令(或直接按下快捷键"Ctrl+T")改变蜡烛的位置,用颜色替换功能替换蜡烛的颜色。

图 4-5-8　调整火焰形状　　　　　图 4-5-9　生日蛋糕

10. 重复上述方法,继续复制蜡烛并移动、旋转位置,并调整图层的位置,得到如图4-5-10(a)所示效果。
11. 单击左边工具箱的"修补工具"按钮,然后单击"污点修复画笔工具"按钮,调整画笔的大小,模式选择"正常",用"污点修复画笔工具"涂抹蜡烛底端,得到如图4-5-10〔(b)〕所示效果。
12. 执行"文件"—"存储"命令,将文件保存为"生日蛋糕.jpg"。

(a) 复制蜡烛并移动;　　　(b) 涂抹蜡烛底端后效果

图 4-5-10　生日蛋糕

【相关知识】

1. "涂抹工具"（图 4-5-11）。

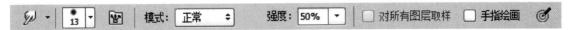

图 4-5-11　"涂抹工具"属性栏

画笔：选择画笔的形状。
模式：色彩的混合方式。
压力：画笔的压力。
用于所有图层：可以使模糊作用于所有层的可见部分。

2. "加深工具"（图 4-5-12）。

图 4-5-12　"加深工具"属性栏

用"高光"模式加深时，被加深的地方饱和度会很低，看起来呈灰色，在压力大的情况下，灰色会更明显，看起来会很脏。

用"暗调"模式加深时，被加深的地方饱和度会很高，也就是常说的画出来很红。

用"中间调"模式加深时，被加深的地方颜色会比较柔和，饱和度也比较正常。

3. "减淡工具"（图 4-5-13）：将图像亮度增强，颜色减淡。"减淡工具"用来增强画面的明亮程度，在画面曝光不足的情况下使用非常有效。使用"涂抹工具"能过渡颜色，抹均匀笔触，使画面干净整洁，提高精度，快速高效地画出毛发质感并微调结构，比如五官等。

图 4-5-13　"减淡工具"属项栏

4. "涂抹工具"：在图像上拖动颜色，使颜色在图像上产生位移，感觉是涂抹的效果。

手指绘画：在一个空的图层上，根据其他图层的颜色来产生一个涂抹的效果；强度不同，产生的效果也不同。其他选项和"减淡工具"与"加深工具"相同。

（1）"压力"。压力一般控制在 10% 以内。因为压力太大时效果太明显，涂出来就很脏，颜色一块一块的。把压力设小点的话，涂出来效果不会太明显，然后反复地涂，涂出来就算脏也不会太明显，可以用模糊来处理。

（2）"模式"（"高光""中间调""暗调"）。

①用"高光"模式减淡时，被减淡的地方饱和度会很高。比如红色用高光模式减淡时会变橙色，橙色用高光模式减淡时会变黄色。

②用"暗调"模式减淡时，被减淡的地方饱和度会很低，一个颜色反复地涂刷以后，会变以白色，而不掺杂其他的颜色。

③用"中间调"模式减淡时，被减淡的地方颜色会比较柔和，饱和度也比较正常。

（3）"加深工具"和"减淡工具"可以塑造立体感和质感。

【任务拓展】提亮图片

操作视频

1. 启动 Photoshop CS6 软件，执行"文件"—"打开"命令，打开素材文件夹中"女孩 .jpg"图片文件，如图 4-5-14 所示。
2. 选择左侧工具栏中的"减淡工具"或者按快捷键"O"，设置参数如图 4-5-15 所示。
3. 在花朵和树的位置进行涂抹，花朵和树颜色变得更亮，如图 4-5-16 所示。
4. 在左侧工具栏中选择"加深工具"或按下快捷键"O"，设置参数如图 4-5-17 所示。
5. 在女孩的嘴部进行涂抹，使唇色变得更亮，如图 4-5-18 所示。执行"文件"—"存储为"命令，保存图片。

图 4-5-14 女孩图片

图 4-5-15 设置参数

图 4-5-16 提亮花朵

图 4-5-17 "加深工具"属性栏

图 4-5-18　提亮唇色

项目评价

本项目主要介绍 Photoshop 软件工具栏常用的几个工具：移动工具、污点修复画笔工具、仿制图章工具、颜色替换工具、画笔工具、橡皮擦工具、形状工具和路径工具等。完成本项目任务后，你有何收获，为自己做个评价吧！

分类 \ 评价	很满意	满意	还可以	不满意
完成情况				
与同组成员沟通及协调情况				
知识掌握情况				
体会与经验				

巩固与提高

【知识巩固】

选择题

（1）在 Photoshop CS6 中编辑图像时，"🔍"工具的作用是（　　）。

A. 使图像中某些像素变深　　　　　　B. 删除图像中的某些像素

C. 使图像中某些像素变模糊　　　　　D. 使图像中某些像素变淡

（2）Photoshop 中，▶✥ 是（　　）工具。

A. 选取工具　　　B. 移动工具　　　C. 擦除工具　　　D. 裁剪工具

（3）在 Photoshop 中，如何使用仿制图章工具取样？（　　）
A. 按住"Ctrl"键单击取样位置　　　　B. 按住"Shift"键单击取样位置
C. 按住"Alt"键单击取样位置　　　　D. 直接单击取样位置
（4）通过 Photoshop 系统自带的画笔或者（　　）来丰富自己的画笔库。
A. 钢笔　　　　B. 魔术画笔　　　　C. 自定义画笔　　　　D. 铅笔
（5）（　　）工具复制取样点的图像。
A. 移动工具　　　B. 图案图章　　　C. 模糊工具　　　D. 仿制图章
（6）在 Photoshop 中利用橡皮擦擦除背景层中的对象，被擦除区域填充（　　）颜色。
A. 白色　　　　B. 透明　　　　C. 黑色　　　　D. 背景色
（7）取消选区的快捷键是（　　）。
A. Esc　　　　B. Ctrl+D　　　　C. BackSpace　　　　D. Ctrl+D

【技能提高】

1. 将单行马卡龙（图 4-6-1）变成多行马卡龙（图 4-6-2）。

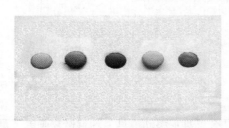

图 4-6-1　单行马卡龙

图 4-6-2　多行马卡龙

提示：使用"魔棒工具"选中马卡龙，然后利用"移动工具"复制马卡龙。

2. 封面制作，效果如图 4-6-3 所示。

图 4-6-3　效果图

提示：先插入矩形填充蓝色制作背景，然后添加图中所有文字，利用"形状工具"和"路径工具"制作水滴，进行复制和变形。

项目 5　文本设计

学习目标:
- 认识 Photoshop CS6 的文字工具组
- 熟练掌握点文字和段落文本的创建操作
- 熟练掌握字符格式和段落格式的设置操作
- 学会设置文字的图层样式
- 掌握变形文字的创建

任务 1　设计禁止吸烟广告

【任务分析】

本任务要求掌握文字工具的使用方法，利用创建点文字、编辑文字及创建变形文字等技巧制作禁止吸烟宣传广告。

【任务步骤】

1. 执行"文件"—"打开"命令，此时弹出"打开"对话框，选择"烟.png"，打开背景图，如图 5-1-1 所示。

2. 单击工具箱中的"横排文字工具"按钮，如图 5-1-2 所示，在属性栏中设置字体、大小和颜色。

操作视频

3. 在需要输入文字的图像上单击，设置插入点，画面中会出现一个闪烁的"I"形光标，如图 5-1-3 所示，输入所示的文字

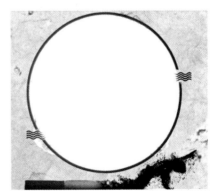

图 5-1-1　素材"烟"

"禁止吸烟",此时"图层"面板中会自动生成一个文字图层。

图 5-1-2 属性设置

【小技巧】文字工具使用技巧

(1) 输入文字时如果需要换行,可以按"Enter"键。

(2) 在没结束文字输入前,若要移动文字的位置,可以将光标放在字符以外,单击并拖动鼠标即可;若要调整文字的大小,可以在"文字工具"选取状态下,按住"Ctrl"键切换为"移动工具",调整大小并移动位置。

(3) 若要放弃文字输入,单击"其他工具"按钮,或按"Ctrl+Enter"键结束文字输入操作。

4. 单击"横排文字工具"按钮,如图 5-1-4 所示。选中文字"禁止",在属性栏中设置大小为 80 点,调整文字大小,效果如图 5-1-5 所示。

5. 在"文字工具"选取状态下,按住"Ctrl"键切换为"移动工具",调整大小并移动位置,如图 5-1-6 所示。

图 5-1-3 输入文字

图 5-1-4 选中文字

图 5-1-5 调整文字大小

图 5-1-6 文字变形

6. 利用相同的方法,在图像中输入"NO SMOKING",文字属性如图 5-1-7 所示。

图 5-1-7 文字设置

7. 在属性栏中,单击"创建文字变形"按钮,选择"扇形"样式,并设置属性如图 5-1-8 所示。

8. 单击"自定义形状工具"按钮,在属性栏中选择"禁止"标志按钮,在对应位置按"Shift"键画标志,并修改颜色为红色,如图 5-1-9 所示。

9. 单击"横排文字工具"按钮,输入"5.13 世界无烟日",并设置适当颜色,放置合适位置,最终效果如图 5-1-10 所示。

图 5-1-8 调整大小

图 5-1-9 画红色标志图

图 5-1-10 案例效果

10. 保存文件，执行"文件"—"存储或存储为"命令，在弹出的"存储为"对话框中，选择保存位置、输入文件名，在类型中选择"JPEG"格式，单击"保存"按钮。

【相关知识】

1. 文字工具的基本使用

在工具箱中单击"横排文字工具"，得到如图 5-1-11 所示的"横排文字工具"的选项栏，通过字符面板可以修改文字格式，如图 5-1-12 所示。

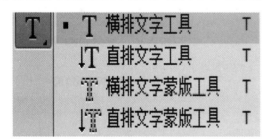

图 5-1-11 文字工具

图 5-1-12 切换字符和段落面板

选择"横排文字工具"后得到文字工具选项栏，如图 5-1-13 所示。

在使用文字工具输入文字之前，我们需要在工具选项栏或"字符"面板中设置字符的属性，包括更改文字方向、设置字体、设置字体样式、设置文字大小等功能，见表5-1-1。

图5-1-13　属性栏

表5-1-1　文字工具的属性与功能

文字工具	属性	功能
	更改文字方向	如果当前文字为横排文字，单击该按钮可将其转换为直排文字；如果是直排文字，则可将其转换为横排文字
	设置字体	在该选项下拉列表中选择一种字体
	设置文字大小	可以设置文字的大小，也可以直接输入数值并按"Enter"键来进行调整
	创建文字变形	可以为文字设置各种变形
	切换字符和段落面板	此功能可以对文字进行更详细的设置 单击后出现如图5-1-13所示窗口

2. 变形文字的使用

Photoshop所提供的"弯曲变形"功能，可以使段落文字产生弯曲变形的效果。单击文字工具属性栏中的"创建文字变形"按钮，打开"变形文字"对话框，我们可以在对话框中的样式清单中选择文字要变形的样式，如图5-1-14所示。

参数说明：

（1）样式：可以选择变形的样式，包含扇形、贝壳、旗帜、鱼眼等选项。

（2）水平、垂直：指定变形效果的方向。

（3）弯曲：指定对图层应用的变形程度。

（4）水平扭曲、垂直扭曲：对变形应用透视。

通过这个任务，我们还可以进行文字的多种变形，如图5-1-15所示，一起来完成吧。

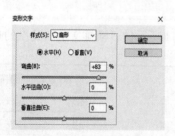

图5-1-14　"弯曲变形"

图5-1-15　弯曲变形效果

【任务拓展】制作变形文字

1. 执行"文件"—"打开"命令，此时弹出"打开"对话框，选择"地球.png"图像文件，打开背景图，如图5-1-16所示。

操作视频

2. 单击工具箱中的"横排蒙版文字工具"按钮 , 在工具选项栏中设置文字的字体为"幼圆"、字号为 72 点,如图 5-1-17 所示。

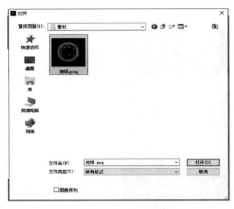

图 5-1-16 "打开"对话框   图 5-1-17 输入文字图

3. 单击工作区,这时工作区呈红色状态,在背景中输入文字"我爱地球",单击工具选项栏中的"创建文字变形"按钮 ,弹出"变形文字"对话框,选择"鱼眼"样式,并设置"水平扭曲"值为 –20,单击"确定"按钮,完成,如图 5-1-18 所示。

4. 单击工具箱中的"移动工具"按钮 ![],此时出现文字选区,再单击工具箱中的"渐变工具"按钮 ![],选择属性栏上的"点按可编辑渐变"按钮,如图 5-1-19 所示。

图 5-1-18 设置水平扭曲

图 5-1-19 属性栏

5. 在"渐变编辑器"窗口中选择"蓝、红黄渐变"色块,如图 5-1-20 所示,单击"确定"按钮,新建图层,在文字选区处从左至右拖动鼠标左键,按"Ctrl+D"键,取消选区,完成渐变填充效果。

6. 单击"图层"面板的"添加图层样式"按钮 ![],选择"混合选项",调出"图层样式"对话框,如图 5-1-21 所示,选择"外发光",并调整其扩展值,单击"确定"按钮,用"移动工具"调整文字位置。

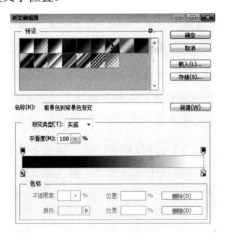

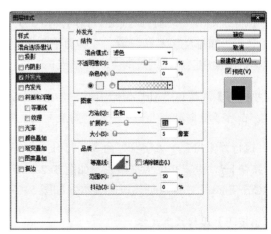

图 5-1-20 渐变编辑器   图 5-1-21 "图层样式"对话框

7. 保存文件，案例效果如图 5-1-22 所示，执行"文件"—"存储或存储为"命令，在弹出的"存储为"对话框中，选择保存位置、输入文件名，在类型中选择"JPEG"格式，单击"保存"按钮。

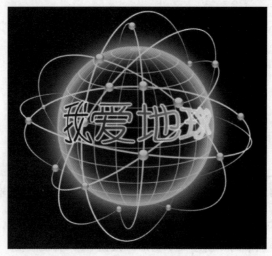

图 5-1-22　案例效果

任务 2　设计精美日历

【任务分析】

本任务要求掌握段落文本的创建方法，利用段落文本输入与编辑技巧制作精美月历。

【任务步骤】

1. 执行"文件"—"打开"命令，此时弹出"打开"对话框，选择"日历"背景图像。

操作视频

2. 选择"横排文字工具" T ，在画面中单击并向右下角拖出一个文本框，如图 5-2-1 所示，放开鼠标，画面中会出现闪烁的"I"形光标。

【小技巧】在按住"Alt"键的同时，单击鼠标左键并拖拽创建文本框，弹出"段落文字大小"对话框，在对话框中输入"宽度"和"高度"值，可精确定义文本框大小。

3. 执行"窗口"—"字符"命令，打开"字符"面板，或在属性栏中单击"切换字符和段落面板"按钮 ，设置文字字符格式，如图 5-2-2 所示。在文本框中输入文字，输入完成后，按快捷键"Ctrl+Enter"，即可创建段落文本，如图 5-2-3 所示。

【小技巧】编辑段落文本

创建段落文本后，可以根据需要调整文本框的大小，文字会自动在调整后的文本框内重新排列，当文字到达文本框边界时会自动换行；当输入的文字较多，文本框不能完全显示文字时，在文本框右下角的控制点将变成形状，可以通过拖拽文本框周围的控制点来调整文本框的大小，使文字完全显示出来。

4．按空格键调整文字之间的距离，效果如图5-2-4所示。

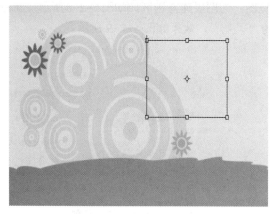

图 5-2-1　绘制文本框

图 5-2-2　"字符"面板

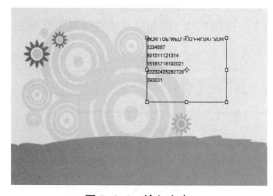

图 5-2-3　输入文字

图 5-2-4　调整文字

5．修改段落文本的颜色，接着输入文字"May"，如图5-2-5所示。在文字图层下新建"图层1"，设置前景色为蓝色，选择"椭圆形状工具"，在属性栏中选择"填充像素"选项，绘制如图5-2-6所示的椭圆。

图 5-2-5　输入文字

图 5-2-6　绘制椭圆

项目5　文本设计　|141|

6．将前景色设置为白色，选择白色到透明渐变，如图 5-2-7 所示。

图 5-2-7　白色到透明渐变

7．按住"Ctrl"键的同时单击"图层 1"的缩览图，为图层建立选区，如图 5-2-8 所示。新建"图层 2"，并从下往上拖拽渐变，将图层模式改为"柔光"，效果如图 5-2-9 所示。

图 5-2-8　建立选区　　　　　　　　　　　图 5-2-9　渐变

8．复制"图层 2"，将图层模式改为"叠加"，效果如图 5-2-10 所示。

9．在确定载入选区的情况下，利用"套索工具"，按住"Alt"键的同时减去得到如图 5-2-11 所示选区。

图 5-2-10　叠加　　　　　　　　　　　图 5-2-11　选区

10．新建图层，从上往下拖拽渐变，取消选区，效果如图 5-2-12 所示。

图 5-2-12　渐变效果

11．合并除文字层、背景层以外的所有图层，然后双击该图层，弹出"图层样式"对话框，设置"描边"样式，参数如图 5-2-13 所示。设置"投影"样式，参数如图 5-2-14 所示。

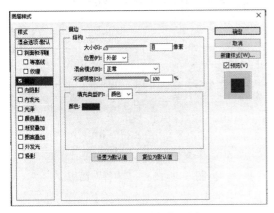

图 5-2-13　"描边"样式

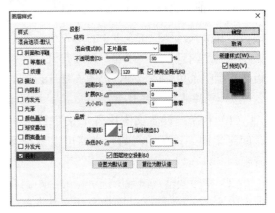

图 5-2-14　"投影"样式

12. 将"May"图层的图层模式改为"叠加"，"不透明度"为 90%，效果如图 5-2-15 所示。复制文字图层，图层模式改为"柔光"，效果如图 5-2-16 所示。

图 5-2-15　"叠加"模式

图 5-2-16　"柔光"模式

13. 输入文字"2018"，调整文字的大小和位置，添加投影，最终效果如图 5-2-17 所示。

14. 保存文件，执行"文件"—"存储或存储为"命令，在弹出的"存储为"对话框中，选择保存位置、输入文件名，在类型中选择"JPEG 格式"，单击"保存"按钮。

图 5-2-17　案例效果

【相关知识】

1. 格式化字符

格式化字符是指设置字符的属性，包括字体、大小、颜色、行距等。输入文字之前可以在工

项目 5　文本设计

具选项栏中设置文字属性,也可以在输入之后为选择的文本或者字符重新设置这些属性。除了我们前面讲的在工具选项栏中设置字符属性外,我们可以通过执行"窗口"—"字符"命令打开"字符"面板。它提供了更多的选项,如图 5-2-18 所示。

2. 字符选项功能详解

(1)行距:设置文本中各个文字行之间的垂直间距,同一段落的行与行之间可以设置不同的行距。

(2)字距调整:设置所选字符的字距。在下拉列表中选择字符间距,也可以直接在文本框中输入数值。

(3)字距微调:设置两个字符之间的微调。在操作时首先在要调整的两个字符之间单击,设置插入点,然后再调整数值。

(4)基线偏移:设置基线偏移,当数值为正值时,向上移动;当数值为负值时,向下移动。

图 5-2-18 "字符"面板

【任务拓展】设计 Logo 文字

1. 新建一个文件,设置"宽度"和"高度"为 500 像素 ×500 像素,"分辨率"为 300 像素 / 英寸,"颜色模式"为 RGB 颜色,其他值为默认。

2. 单击工具箱"文字工具"中的"横排文字工具" ,在文字工具选项栏选择字体"微软雅黑",大小为 24 点,输入文字"skills",如图 5-2-19 所示。

操作视频

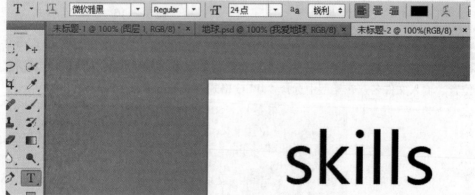

图 5-2-19 输入文字

3. 右击文字层,选择"复制图层"选项,单击"确定"按钮复制一个"skills 副本"。在复制的图层上右击,在快捷菜单中选择"栅格化文字"选项,这时图层外观发生变化,如图 5-2-20、图 5-2-21 所示。

4. 按"Ctrl"键单击"skills 副本"图层的缩览图键,将拷贝的图层载入选区,将文字选中,单击"渐变工具"按钮,在渐变工具选项栏中打开渐变编辑器,修改颜色色标左到右(#0b78b6、#82aaec),在文字层上由上向下拖拽鼠标,为文字填充渐变色,如图 5-2-22 所示。

5. 单击"图层"面板中的"图层样式"按钮 fx，分别添加"斜面和浮雕"样式与"投影"样式，如图 5-2-23、图 5-2-24 所示。

6. 单击"图层"面板中的"创建新图层"按钮，在复制的文字层上新建一图层，单击工具栏中的"椭圆选框工具"，并将属性栏"羽化"值修改为 5 像素，在图层上拖拽鼠标绘出一个椭圆选区，如图 5-2-25 所示。

图 5-2-20 复制文字

图 5-2-21 栅格化文字

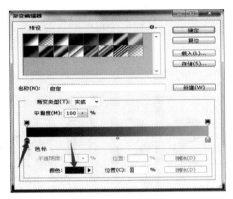

图 5-2-22 设置渐变色

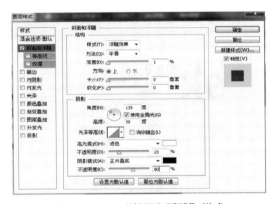

图 5-2-23 "斜面和浮雕"样式

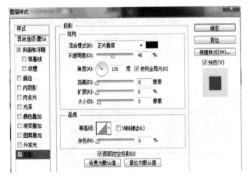

图 5-2-24 "投影"样式

图 5-2-25 椭圆选区

7. 将前景色修改为深灰色，背景色为白色，单击"渐变工具"按钮打开"渐变编辑器"对话框，选择"由前景色到背景色"效果，如图 5-2-26 所示，在椭圆选区内由上向下填充选区。

8. 单击"图层"面板中的"图层混合模式"按钮，为椭圆选区"设置图层的模式"中的"叠加"模式，这样颜色的分界线就显示出来了，如图 5-2-27 所示。

9. 右击拷贝的文字层，选择"复制图层"选项。按"Ctrl+T"键，在画布中右击选择"垂直翻转"选项，将文字反转 180 度。按"Enter"键确定，用"移动工具"将文字移动到下面，如

项目 5 文本设计 145

图 5-2-28 所示。

10. 单击"图层"面板中"添加图层蒙版"按钮 ▣，为反转的文字层添加一个蒙版，选择渐变工具，在蒙版上添加线性渐变效果，使文字产生半透明效果。

11. 保存文件，执行"文件"—"存储或存储为"命令，在弹出的"存储为"对话框中，选择保存位置、输入文件名，在类型中选择"JPEG"格式，单击"保存"按钮，案例效果如图 5-2-29 所示。

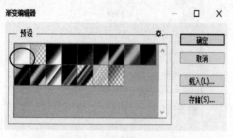

图 5-2-26 由前景色到背景色

图 5-2-27 "叠加"模式

图 5-2-28 垂直翻转

图 5-2-29 案例效果

任务 3　制作路径文字

【任务分析】

路径文字可以让文字变得更加灵活多样，我们通过"钢笔工具"，结合路径调整功能，可以描绘出幻化多端的各种线条。本次任务通过"文字工具"和"钢笔工具"来完成。

【任务步骤】

1. 打开素材文件夹中的"历史背景.jpg"图像文件，如图 5-3-1 所示。
2. 利用"钢笔工具" ⌕，选择"钢笔工具"属性栏中的"路径" ⌕ ▾ 路径 ，

操作视频

，绘制出如图 5-3-2 所示的一段开放路径。

图 5-3-1 "历史背景"图像

图 5-3-2 画路径

3. 选择"横排文字工具" T，设置字体、大小和颜色，并单击"切换字符和段落面板"按钮，如图 5-3-3、图 5-3-4 所示。将光标放在路径上，当"文字工具"由形状 变成 时，单击文字插入点，画面中会出现闪烁的"Ⅰ"形光标，如图 5-3-5 所示。输入文字"中华上下五千年"，文字将沿着锚点被添加到路径的方向排列。按快捷键"Ctrl+Enter"结束操作，在"路径"面板的空白处单击隐藏路径，如图 5-3-6 所示。

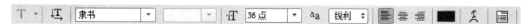

图 5-3-3 字体等设置

图 5-3-5 画路径

图 5-3-4 切换字符和段落面板

图 5-3-6 隐藏路径

【小技巧】调整路径文字

（1）修改文字属性。

通过"文字工具"，调整属性栏的各选项，可以调整文字的字体、大小、颜色等。

（2）修改文字在路径上的位置。

利用工具箱中的"路径选择工具"，将光标移至文字上，沿着路径方向拖动文字可修改文字在路径上的位置。在拖移过程中，还可以将文字拖动至路径内侧或外侧。

（3）修改路径形状。

选择路径文字图层，利用"钢笔工具"下的"路径选择工具"，可对路径形状进行调整，在调整的过程中相关的文字也随着调整。

4. 双击文字图层，打开"图层样式"面板，为文字设置"描边"样式，如图 5-3-7 所示。

项目 5 文本设计

5. 在"路径"面板中新建"路径2",利用"钢笔工具"绘制如图 5-3-8 所示的闭合路径,并设置字符格式,如图 5-3-9 所示。

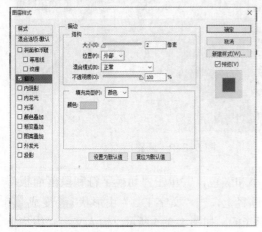

图 5-3-7 "描边"样式

图 5-3-8 画闭合路径

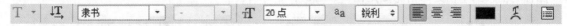

图 5-3-9 正文字符设置

6. 打开文本文档"上下五千年.txt",复制文字,使用"横排文字工具",在路径内单击,出现光标后,按"Ctrl+V"键粘贴段落文字,在"路径"面板的空白处单击隐藏路径,效果如图 5-3-10 所示。文字始终横向排列,每当文字到达闭合路径的边界时,会自动换行,自行调整文字顺序,完成文字编排,最终效果如图 5-3-11 所示。

7. 保存文件,执行"文件"—"存储或存储为"命令,在弹出的"存储为"对话框中,选择保存位置、输入文件名,在类型中选择"JPEG"格式,单击"保存"按钮。

图 5-3-10 粘贴文字

图 5-3-11 案例效果

【相关知识】

1. 路径文字

路径文字是指创建在路径上的文字。路径文字在创建时有两种,一种是沿路径排列的文字;另一种是在由路径制作的闭合区域内输入文字,这种文字也称为区域文字。

在创建路径文字时,应先绘制路径,然后输入文字。任何形状的路径文字或区域文字都可以通过调整路径来实现。路径文字随路径的改变而改变。

2. 文字转换为工作路径

将文字转换为工作路径,从而可以直接通过此路径进行描边、填充等操作,制作出特殊的文字效果。

具体操作:选择文字图层,执行"文字"—"转化为工作路径"命令,此时在"路径"面板中多一个文字路径层,可以对路径进行变形操作;单击面板中的"将路径作为选区载入"按钮,此时路径变为选区,可以对选区进行描边、填充操作。

【任务拓展】制作艺术效果文字

1. 执行"文件"—"新建"命令,创建一个新文档,"宽度"和"高度"为500像素×300像素,"分辨率"为默认,"颜色模式"为RGB颜色,其他值为默认。

2. 单击"设置背景色"按钮,在弹出的"拾色器(背景色)"对话框中,把背景颜色填充为浅灰色(#f2ecec),如图5-3-12所示。

操作视频

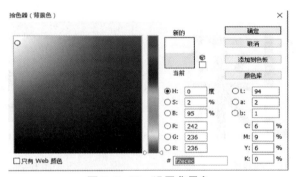

图 5-3-12 设置背景色

3. 单击"横排文字工具"按钮 T.,在"文字工具"选项栏中,选择字体"微软雅黑",大小为100点,字体颜色为黑色,在画布上输入文字"创彩",即新建了文字图层。右击此文字层,选择"栅格化文字",如图5-3-13所示。

图 5-3-13 输入文字

4. 使用"矩形选框工具"框选不要的文字部分,按"Delete"键删除,如图 5-3-14 所示。

图 5-3-14 删除多余的笔画

5. 选择"钢笔工具" ,在删除的笔画位置勾画出你喜欢的造型,如图 5-3-15 所示。
6. 选择"钢笔工具"下方的"转换点工具" ,拖拽控制点将角点转换为平滑点,使用"直接选择工具"可以将锚点调整至合理的位置,如图 5-3-16 所示。

图 5-3-15 画轮廓

图 5-3-16 调整

7. 新建图层,重命名为"创1",选择"路径"面板中的"将路径作为选区载入"按钮 ,填充前景色为黑色(按"Alt+Delete"键),按"Ctrl+T"键改变选区大小与文字大小匹配,按"Enter"键确认,如图 5-3-17 所示。

图 5-3-17 填充前景色

8. 选择"移动工具",按住"Alt"键拖拽"创1"层图像,复制一份,移动到右侧,再按"Ctrl+T"键旋转图像到适当的位置,如图5-3-18所示。

9. 重复前面的5~8步骤,删除或擦除不要的笔画,利用"钢笔工具"绘制路径,利用"转换点工具"修改路径,然后填充前景色,如图5-3-19所示。

10. 单击"图层"面板最上面图层,按"Ctrl+E"键向下合并图层,直至背景层上层结束。

图 5-3-18　复制　　　　　　　　　　　　图 5-3-19　绘制完成

11. 单击"图层"面板下面的"添加图层样式"按钮 fx,选择"渐变叠加",修改渐变参数颜色(#dc21ea, #ffffff),如图5-3-20所示,单击"确定"按钮。

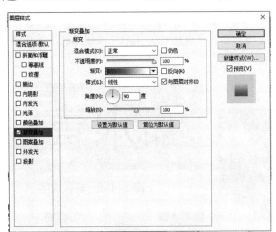
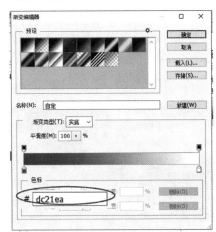

图 5-3-20　渐变叠加

12. 再次右击"图层"面板下面的"添加图层样式"按钮 fx,选择"投影",将文件保存为"JPG"格式,案例效果如图5-3-21所示。

图 5-3-21　案例效果

任务 4　制作绿水青山宣传画

【任务分析】

文字的字型调整可能让文字变得更加自然，融入场景，我们通过文字的"创建工作路径"功能，使文字随意调整变形，再通过"贴入"功能，使它达到意想不到的效果。本次任务通过文字工具和路径调整完成文字特效。

【任务步骤】

1. 执行"文件"—"打开"命令，选择并打开"背景.jpg"图像文件，如图 5-4-1 所示。

2. 单击工具箱中的"横排文字工具"按钮 ，在文字工具选项栏选择字体"黑体"，大小为 100 点，输入文字"绿水青山"，字体颜色为黑色，如图 5-4-2 所示。

3. 打开"文字"菜单选择"创建工作路径"选项，单击"直接选择工具"按钮，并单击"绿"字，如图 5-4-3 所示。

图 5-4-1　打开"背景.jpg"图像文件

图 5-4-2　输入文字

图 5-4-3　选择文字

4. 利用"直接选择工具"依次调整各文字的路径，如图 5-4-4 所示。

5. 单击"路径"面板中的"将路径作为选区载入"按钮（或按快捷键"Ctrl+Enter"），出现选区，如图 5-4-5 所示。

6. 执行"文件"—"打开"命令，选择并打开"绿地.jpg"图像文件，并按"Ctrl+A"键全选形成选区，再按"Ctrl+C"键复制选区，如图 5-4-6 所示。

7. 回到带有文字的文件，执行"编辑"—"选择性粘贴"—"贴入"命令，将绿地贴入文字路径中，隐藏文字层，如图 5-4-7 所示。

图 5-4-4 文字路径

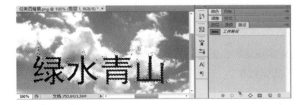

图 5-4-5 载入选区

图 5-4-6 复制绿地

图 5-4-7 形成绿地文字

8．单击"图层"面板中的"图层混合模式"按钮，为文字设置图层模式中的"斜面和浮雕"模式。

9．在隐藏的文字层上方单击"创建新图层"按钮，选择最上方图层，按"Ctrl+E"键向下合并一层，如图 5-4-8 所示。

图 5-4-8 合并图层

项目 5　文本设计

10. 单击"移动工具"按钮 ，调整文字位置，案例效果如图5-4-9所示。

图5-4-9　案例效果

11. 保存文件，执行"文件"—"存储或存储为"命令，在弹出的"存储为"对话框中，选择保存位置、输入文件名，在类型中选择"JPEG"格式，单击"保存"按钮。

【相关知识】

1. 文字与文本段落的转换

本功能可以将点文字转换为段落文字，在定界框中调整字符排列。或者可以将段落文字转换为点文字，使各文本行彼此独立地排列。将段落文字转换为点文字时，每个文字行的末尾（最后一行除外）都会添加一个回车符。

将段落文字转换为点文字时，所有溢出定界框的字符都被删除。要避免丢失文本，请调整定界框，使全部文字在转换前都可见。

具体操作：选择文字图层，执行"文字"—"转换为段落文本"或"文字"—"转换为点文字"命令。

2. 栅格化文字

某些命令和工具（例如滤镜效果和绘画工具）不适用于文字图层，必须在应用命令或使用工具之前栅格化文字。栅格化将文字图层转换为正常图层，并使其内容成为不可编辑的文本。如果选取了需要栅格化图层的命令或工具，则会出现一条警告信息。某些警告信息提供了一个"好"按钮，单击此按钮即可栅格化图层，栅格化的文字将转化为图形，而且这是一个不可逆的过程。对于包含矢量数据（如文字图层、形状图层和矢量蒙版）和生成的数据（如填充图层）的图层，不能使用绘画工具或滤镜。但是，可以栅格化这些图层，将其内容转换为平面的光栅图像。

具体操作：选择文字图层，执行"文本"—"栅格化文字图层"或"图层"—"栅格化"—"文字"命令。

【任务拓展】制作宣传海报

操作视频

1. 打开素材文件夹中的"建国庆.jpg"图像文件。
2. 选择"文字工具"，输入文字"70周年庆"，如图5-4-10所示。全选文字，打开属性栏中的"字符"面板按钮，调整文字的大小及文字的字距，参数设置如图5-4-11所示。
3. 按住"Ctrl"键的同时单击文字图层的缩览图，为图层建立选区。单击"路径"面板中的"从选区生成工作路径"按钮 ,将文字选区转换为工作路径,如图 5-4-12 所示。

4. 利用"路径选择工具" ,选择路径"周"字中的"口",按"Delete"键删除。利用"直接选择工具"对路径上的锚点进行调整,如图 5-4-13 所示,最后把所有的文字路径调节成如图 5-4-14 所示效果。

图 5-4-10 输入文字

图 5-4-11 字符参数设置

图 5-4-12 转换路径

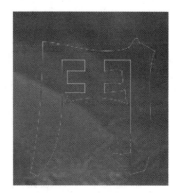

图 5-4-13 删除路径

图 5-4-14 调整路径

5. 对调节好的文字路径,单击"路径"面板中下方的将"将路径作为选区载入"按钮 ,新建"图层 1",为文字选区填充黄色,如图 5-4-15 所示。双击该图层,出现"图层样式"对话框,设置"投影"样式,参数如图 5-4-16 所示;设置"内发光"样式,参数如图 5-4-17 所示;设置"斜面和浮雕"样式,参数如图 5-4-18 所示;设置"渐变叠加"样式,参数如图 5-4-19 所示。

6. 单击该图层的缩览图,为文字建立选区,执行"选择"—"修改"—"扩展"命令,参数如图 5-4-20 所示。利用"套索工具",添加选区,效果如图 5-4-21 所示。

7. 选择"渐变工具",渐变颜色条设置如图 5-4-22 所示。新建"图层 2",由上而下填充

项目 5 文本设计

渐变颜色，效果如图 5-4-23 所示，按"Ctrl+D"键取消选区。

图 5-4-15　选区填充

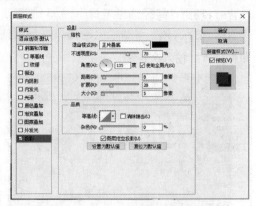

图 5-4-16　"投影"样式

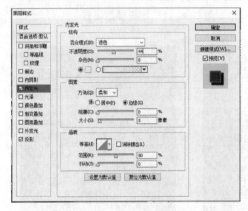

图 5-4-17　"内发光"样式

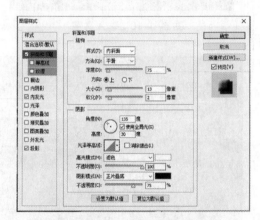

图 5-4-18　"斜面和浮雕"样式

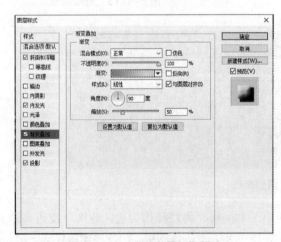

图 5-4-19　"渐变叠加"样式

图 5-4-20　扩展选区

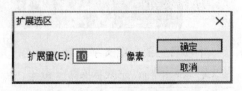

图 5-4-21　扩展选区效果

图 5-4-22　渐变颜色条设置

图 5-4-23　效果图

8. 双击"图层 2",弹出"图层样式"对话框,设置"描边"样式,参数如图 5-4-24 所示;设置"投影"样式,参数如图 5-4-25 所示,最终效果如图 5-4-26 所示。

9. 保存文件,执行"文件"—"存储或存储为"命令,在弹出的"存储为"对话框中,选择保存位置、输入文件名,在类型中选择"JPEG"格式,单击"保存"按钮。

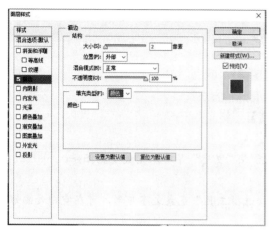

图 5-4-24 "描边"样式

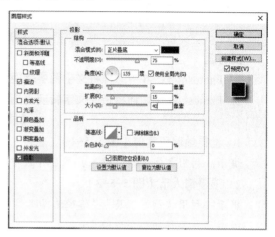

图 5-4-25 "投影"样式

图 5-4-26 案例效果

项目评价

本项目主要介绍文字工具功能的使用,你能灵活使用 Photoshop 中的文字工具各功能创建各种文字效果了吗?完成本项目任务后,你有何收获,为自己做个评价吧!

分类 \ 评价	很满意	满意	还可以	不满意
任务完成情况				
与同组成员沟通及协调情况				
知识掌握情况				
体会与经验				

项目 5 文本设计

巩固与提高

【知识巩固】

简答题

1. Photoshop CS6 中怎样将文字图层转换为普通图层？
2. Photoshop 中如何将路径文字转换为选区？你有几种方法？

【技能提高】

1. 世界地球日宣传（图 5-5-1）。

提示：利用文字变形、贴入、图层样式中的"投影""发光"等功能完成技能任务。

2. 浪漫情人节（图 5-5-2）。

提示：利用"钢笔工具""路径选择工具""直接选择工具"完成文字变形，可在空白处画好心形等图形，再移动至合适位置。

图 5-5-1 世界地球日宣传

图 5-5-2 变形文字

项目 6　通道与蒙版的运用

学习目标：
- 能够新建、切换、删除等通道操作
- 会利用工具和命令配合通道编辑图片
- 学会调整通道颜色、修改图像色调
- 能运用通道完成抠图、照片美容及色彩调整

任务 1　制作工作照

【任务分析】

本任务主要是利用通道，精确抠取人物正面照，从而制作一版二寸照片的基本操作。

【任务步骤】

1. 启动 Photoshop CS6 软件，打开素材文件夹中的"人物 .jpg"图像文件，如图 6-1-1 所示。

2. 执行"窗口"—"通道"命令，打开"通道"面板，切换并观察"红""绿""蓝"各颜色通道，如图 6-1-2 所示。"蓝"通道中人物与背景反差最大、最清晰，所以我们将在"蓝"通道中完成主体人物的抠选。

操作视频

3. 单击"蓝"通道，右击复制一个"蓝副本"通道，如图 6-1-3 所示。

4. 按快捷键"Ctrl+L"，弹出"色阶"对话框，拉动暗部和中间部的滑块，做相应调整，使人物主体与背景的对比更强，人物轮廓明显为宜，发丝更清晰，如人物调整后，黑白区域明显，如图 6-1-4 所示。

5. 选择"钢笔工具"，对希望保留的人物领口部位进行勾选，转为选区，填充黑色，如图 6-1-5 所示。

6. 再次按快捷键"Ctrl+L",弹出"色阶"对话框,拉动暗部和中间部的滑块,做相应调整,使人物脸部信息调整为黑色,使黑白区域明显,如图 6-1-6 所示。

图 6-1-1 "人物"原图

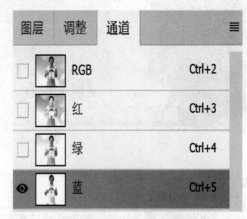

图 6-1-2 "通道"面板

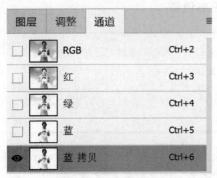

图 6-1-3 复制通道

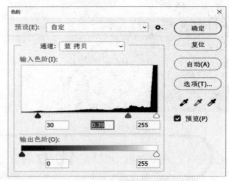

图 6-1-4 调整色阶

图 6-1-5 填充选区

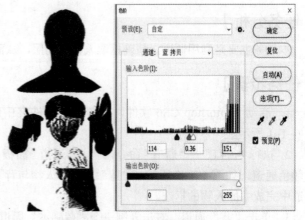

图 6-1-6 调整色阶

7. 执行"图像"—"反相"命令,如图 6-1-7 所示。
8. 用"选框工具"选择其他不希望保留的位置,如图 6-1-8 所示,包括人物身体部位,填充为黑色,如图 6-1-9 所示。
9. 单击通道下方的"将通道作为选区载入"按钮 ⃞ ,建立选定区域;再选择 RGB 通道,可见人物脸部主体以及发丝部分已被载入选区，如图 6-1-10 所示。

图 6-1-7　反相

图 6-1-8　选择区域

图 6-1-9　填充黑色

图 6-1-10　载入选区

10. 按"Ctrl+J"键，复制选中的区域到新图层，如图 6-1-11 所示。

11. 选择"加深工具"，在人物的头发边缘进行适当涂抹，如图 6-1-12 所示。打开"减淡工具"在衬衣边缘处进行适当涂抹，使边缘细节处理更好，如图 6-1-13 所示。

图 6-1-11　复制图层

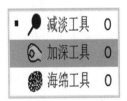

图 6-1-12　颜色减淡工具

图 6-1-13　涂抹后效果

12. 在"图层 1"下方建立新图层，并为之填充"青色"，之后将抠取好的人物全选，须按"Ctrl+T"键进行自由变换，以使人物适合图片大小；之后单击"背景"，填充浅蓝色。如图 6-1-14 所示。

13. 裁剪图像大小为小二寸照片尺寸，"宽度"为 3.5 厘米，"高度"为 4.5 厘米，"分辨率"

项目 6　通道与蒙版的运用

为 300 像素 / 英寸，如图 6-1-15 所示。

14．执行"文件"—"新建"命令，创建一个"宽度"为 9 厘米、"高度"为 13 厘米、"分辨率"为 300 像素 / 英寸、"颜色模式"为 RGB 颜色的新文件。

15．将制作好的小二寸照片拖放进新文件中，之后按"Alt"键，用鼠标向右移动复制照片，再利用辅助线或"对齐工具"，使 4 张照片排列整齐，如图 6-1-16 所示。

16．执行"文件"—"存储为"命令，将文件保存为"JPG"文件格式，到此小二寸照片制作完成。

图 6-1-14　新建图层

图 6-1-15　裁剪图片

图 6-1-16　最终效果

【相关知识】

1．什么是通道

通道是基于色彩模式这一基础上衍生出的简化操作工具。譬如说，一幅 RGB 三原色图有 3 个默认通道：Red（红）、Green（绿）、Blue（蓝）。但如果是一幅 CMYK 图像，就有了 4 个默认通道：Cyan（蓝绿）、Magenta（紫红）、Yellow（黄）、Black（黑）。由此看出，每一个通道其实就是一幅图像中的某一种基本颜色的单独通道。

通道是存储不同类型信息的灰度图像，在 Photoshop 中通道分为颜色通道、Alpha 通道和专色通道 3 类，每一类通道都有其不同的功能与操作方法。

颜色通道：用于保存图像的颜色信息通道，在打开图像时自动创建，图像所具有的颜色通道的数量取决于图像的颜色模式。

Alpha 通道：用于存放选区信息的，其中包括选区的位置、大小、羽化值等。Alpha 通道是灰度图像，可以像编辑其他图像一样使用绘画工具、编辑工具和滤镜命令对通道进行编辑处理。

专色通道：可以指定用于专色油墨印刷的附加印版，专色通道是特殊的预混油墨，用于替代或补充印刷色（CMYK）油墨，如金色、银色、荧光色等特殊颜色。印刷时每种专色都要求专用的印版，而专色通道可以把 CMYK 油墨无法呈现的专色指定到专色印版上。

2. "通道"面板

当打开一幅图像后，系统会自动创建颜色信息通道。执行"窗口"—"通道"命令，即可在"通道"面板中查看该图像的复合通道和单色通道。在 Photoshop 中，不同的颜色模式图像，其通道组合各不相同，并且在"通道"面板中显示的单色通道也会有所不同。"通道"面板如图 6-1-17 所示。

"通道"面板中各图标和按钮的作用如下。

（1）通道名称：为通道指定的名称。复合通道和颜色通道名称是系统根据颜色模式指定的。专色通道和 Alpha 通道的名称可以由用户指定。

（2）缩览图：显示通道的内容，在编辑通道时会自动更新。

（3）眼睛图标：切换通道的可视性，单击此图标，眼睛列显示出眼睛图标，当前通道在图像窗口中显示，否则为隐藏。

（4）"将通道作为选区载入"按钮：单击此按钮，可以将 Alpha 通道中的白色区域作为选区载入图像窗口中。

（5）"将选区存储为通道"按钮：单击此按钮，可将图像中的选区存储为 Alpha 通道。

（6）"创建新通道"按钮：单击此按钮，可以创建一个新 Alpha 通道。

（7）"删除通道"按钮：单击此按钮，可以删除被选择的通道。要选择单个通道，可单击"通道"面板中的通道名称或者按通道名称右侧的快捷键；要选择多个通道，可按"Shift"键同时单击不同的通道名称。

通道最主要的功能是保存图像的颜色数据。例如，一个 RGB 颜色模式的图像，其每一个像素的颜色数据是由红色、绿色、蓝色这 3 个通道来记录的，而这 3 个单色通道组合定义后合成了一个 RGB 主通道，如图 6-1-18 所示。如果在 CMYK 颜色模式图像中，颜色数据则分别由青、洋红、黄、黑 4 个单色的通道组合成一个 CMYK 颜色的主通道，如图 6-1-19 所示。

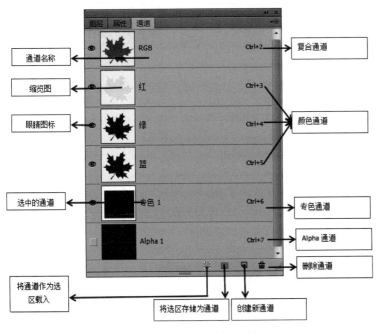

图 6-1-17 "通道"面板

图 6-1-18 RGB 通道

图 6-1-19 CMYK 模式

项目 6 通道与蒙版的运用

【小技巧】在默认情况下,"通道"面板中单色通道以亮度显示,要想以原色显示单色通道,可以在"编辑"—"首选项"—"界面"命令中勾选"用彩色显示通道"选项,如图 6-1-20 所示。

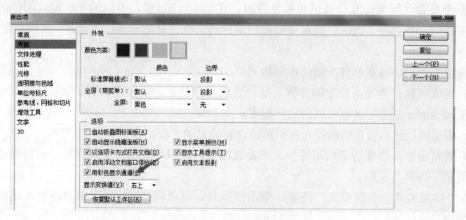

图 6-1-20　修改通道彩色显示

3. 通道原理

图像与通道是相连的,也可以理解为通道是存储不同类型信息的灰度图像。实际上,每一个通道是一个单一色彩的平面。以屏幕图像为例,来介绍通道与图像之间的色彩关联。通道中的 RGB 分别代表红、绿、蓝 3 种颜色。它们通过不同比例的混合,构成了彩色图像。在"通道"面板中,按住"Ctrl"键单击红色通道缩览图,载入该通道中的选区。在"图层"面板中新建"图层 1",并且填充红色(#FF0000),得到红色通道图像效果。使用上述方法,分别显示蓝通道和绿通道中的选区,并且在不同的图层中填充蓝色和绿色,在 3 个颜色图层下方新建图层,并且填充黑色。然后分别设置彩色图层的"混合模式"为"滤色",得到与原图像完全相同的效果,如图 6-1-21 所示。

图 6-1-21　颜色图层叠加效果

4. 颜色通道的应用

颜色通道记录的是图像的颜色信息与选择信息,所以编辑颜色通道,既可以建立局部选区,又可以改变图像色彩。

(1)通过颜色通道提取图像

颜色通道是图像自带的单色通道,要想在不改变图像色彩的基础上,通过通道提取局部图像,需要通过对颜色通道的副本进行编辑。这样既可以得到图像选区,又不会改变图像颜色。

(2)同文档中的颜色通道复制与粘贴在同一图像文档中,当把其中一个单色信息通道复制到另外一个不同的单色信息通道中,返回 RGB 通道时就会发现图像颜色发生了变化。

【任务拓展】　替换婚纱照背景

在前面的项目中,我们已经学习了如何利用"钢笔工具"精确地完成人物等复杂曲线轮廓的抠图工作。在本任务中,我们将继续使用"钢笔工具",配合通道的特性以及

操作视频

色阶,将人物主体连同婚纱及透明的头纱部分完整、逼真地抠取出来,加入新的背景中。

1. 打开素材文件夹中的"婚纱.jpg"图像文件,如图 6-1-22 所示,并按快捷键"Ctrl+J",复制一个"图层 1"。

2. 执行"窗口"—"通道"命令,调出"通道"面板,单击"红"通道,并复制一个"红拷贝"通道,如图 6-1-23 所示。

图 6-1-22 "婚纱.jpg"图像文件

图 6-1-23 复制"红拷贝"通道

【小技巧】在通道里只要遵循一个原则:想办法把我们想要的部分变成白色,不想要的部分变成黑色,像纱质布料等透明区域变成灰色。所以,不管是你用什么工具,色阶也好,曲线也好,加深、减淡工具也好,只要调整好通道里面的黑白灰,图像基本就可以抠出来了。

3. 单击"红拷贝"通道,选用"钢笔工具",将工具属性设置成如图 6-1-24 所示。

图 6-1-24 工具属性

4. 交替使用 和 工具,配合 工具,完整勾出新娘主体轮廓的路径,注意将透明的头纱婚纱部分排除在外,如图 6-1-25 所示。

5. 按快捷键"Ctrl+Enter"键,将路径转换为选区,再填充为白色,按快捷键"Ctrl+D",取消选区,如图 6-1-26 所示。

图 6-1-25 勾出新娘主体轮廓

图 6-1-26 将路径转换为选区

6. 按快捷键"Ctrl+L",调出"色阶"对话框,调整参数,如图 6-1-27 所示。

7. 选择"涂抹工具",对人物细节及婚纱进行局部的涂抹,如图 6-1-28 所示。

8. 按"Ctrl"键,单击"红拷贝"通道,载入选区。再单击 RGB 复合通道,返回"图层"

面板,按快捷键"Ctrl+J",将抠取出的内容拷贝到新图层,如图 6-1-29 所示。

9. 打开素材文件夹中的"梦幻.jpg"图像文件,将上面抠取的新娘拖到里面,就成功更换了婚纱照的背景,如图 6-1-30 所示。

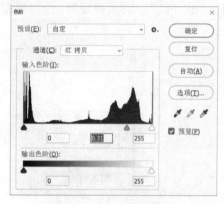

图 6-1-27 调整色阶

图 6-1-28 涂抹局部

图 6-1-29 抠出到新的图层

图 6-1-30 最终效果

任务 2　艺术裁切图像

【任务分析】

本任务通过创建、修改"Alpha"通道,将选区载入图层得到艺术效果图像。

【任务步骤】

1. 新建一个"宽度"为 740 像素、"高度"为 500 像素、"颜色模式"为 RGB 模式的文件,文件名为"艺术裁剪图像"。

2. 在"通道"面板上,单击面板底部的"创建新通道"按钮,创建新通道"Alpha1",如图 6-2-1 所示。

操作视频

3. 打开素材文件夹中的"艺术裁切 2.jpg"图像文件，创建花卉形选区，如图 6-2-2 所示。然后将选区拖移到新建"艺术裁切图像"文件的"Alpha1"通道中，并调整选区的大小，如图 6-2-3 所示。

4. 将前景色改为白色，按"Alt+Delete"键将前景色填充到选区，将选区填充为白色，如图 6-2-4 所示。

5. 执行"选择"菜单下的"变换选区"命令，用鼠标将选区移动到"Alpha1"通道的上部，执行"编辑"—"变换"—"垂直翻转"命令，将选区垂直翻转，效果如图 6-2-5 所示。将选区填充为白色，然后取消选区。

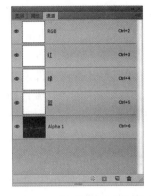

图 6-2-1　创建"Alpha"通道

图 6-2-2　制作选区

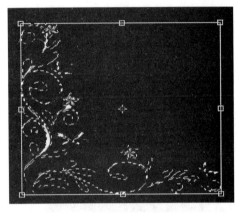

图 6-2-3　自由变换调整大小

图 6-2-4　填充选区

图 6-2-5　垂直翻转选区

6. 单击"通道"面板底部的"将通道作为选区载入" 按钮，将"Alpha1"通道载入选区。执行"选择"—"变换选区"命令，用鼠标将选区移动到"Alpha1"通道的右侧，执行"编辑"—"变换"—"水平翻转"命令，将选区水平翻转，效果如图 6-2-6 所示。然后按"Alt+Delete"键将选区填充白色，按"Ctrl+D"键取消选区。

7. 在工具箱中选择"画笔工具" ，可将笔尖设置为"滴溅46像素"，然后在"Alpha1"通道中涂抹，效果如图6-2-7所示。

8. 在"通道"面板中选择复合通道，然后回到"图层"面板。

9. 打开素材文件夹中的"艺术裁切1.jpg"图像文件，在工具箱中选择"移动工具"，将图像拖移到新建的"艺术裁切"图像文件中，按"Ctrl+T"键自由变换功能调整图像大小，如图6-2-8所示。

10. 回到"通道"面板，选中"Alpha1"通道，然后单击面板底部的"将通道作为选区载入"按钮 ，将"Alpha1"通道中的白色区域载入选区，如图6-2-9所示。

11. 回到"图层"面板，选中"图层1"。单击面板底部的"添加图层蒙版"按钮 ，为"图层1"添加蒙版，如图6-2-10所示。

图6-2-6 水平翻转选区

图6-2-7 涂抹通道

图6-2-8 移动并创建图层1

图6-2-9 载入选区

图6-2-10 添加图层蒙版

12. 单击蒙版前的链接图标，取消图层与蒙版的链接，然后选中图层缩览图移动图层的位置，如图6-2-11所示。

13. 执行"图层"—"图层样式"—"投影"命令，在弹出的"图层样式"对话框中为"图层1"设置"投影""斜面和浮雕"效果，最终效果如图6-2-12所示，保存文件。

图 6-2-11　取消链接

图 6-2-12　最终效果

【相关知识】

1．选区、蒙版及"Alpha"通道的关系

（1）选区与快速蒙版之间的关系。

快速蒙版是制作选择区域的一种方法，因此二者之间具有必然的转换关系。在具体操作时，我们可以通过创建并编辑快速蒙版以得到选区，也可以通过将选区转换成为快速蒙版对其进行编辑以得到更为精确、合适的选区。

（2）选区与图层蒙版之间的关系。

选区与图层蒙版之间同样具有相互转换的关系，可以通过在"图层"面板上按住"Ctrl"键单击图层蒙版的缩览图，以调出其保存的选择区域；也可以在选区存在的情况下，通过"图层"面板上单击"添加图层蒙版"按钮为当前的图层添加一个图层蒙版。

（3）选区与"Alpha"通道之间的关系。

选区与"Alpha"通道之间也具有相互转换的关系。通过以下两种方式可以将选区保存成为一个"Alpha"通道：①执行"选择"—"存储选区"命令；②在选区存在的状态下单击"通道"面板中的"将选区存储为通道"按钮。

通过以下 3 种方式可以将"Alpha"通道转换成为其保存的选区：①执行"选择"—"载入选区"命令；②按住"Ctrl"键单击"Alpha"通道的缩览图；③单击"通道"面板下方的"将通道作为选区载入"按钮。

（4）"Alpha"通道与快速蒙版之间的关系。

在工作于快速蒙版的状态下，"通道"面板中将有一个存放名称为"快速蒙版"的暂存通道。将此通道拖到"创建新通道"按钮上，则可以将其保存成为"Alpha"通道。

（5）"Alpha"通道与图层蒙版之间的关系。

如果当前选择的图层有一个图层蒙版，切换到"通道"面板时可以看到"通道"面板中暂存一个名字为"图层 X 蒙版"的通道，将该通道拖到"创建新通道"按钮上，则可以将其保存成为"Alpha"通道。

2．通道计算

在 Photoshop 中可以对一个图像文件，或者多个尺寸及分辨率相同的图像文件进行通道合成的操作，通过通道合成，可以将几个通道的效果合成一个全新的图像效果，同时简化了图像编辑操作步骤。

（1）应用图像命令。

可以将图像的图层或通道（源）与现用图像（目标）的图层或通道混合，如图 6-2-13 所示。可以将一个图像的图层和通道源与当前图像的图层和通道目标混合为一体，常用于合成复合通道和单个通道的图片处理。执行"图像"—"应用图像"命令，可以打开"应用图像"对话框，如图 6-2-14 所示。应用效果如图 6-2-15 所示。

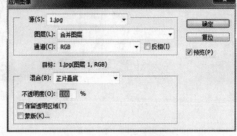

图 6-2-13　原图像和目标图像　　　　图 6-2-14　应用图像　　　　图 6-2-15　应用效果

（2）计算命令。

计算命令用于混合两个来自一个或多个源图像的单个通道，然后可以将结果应用到新图像或新通道，或现用图像的选区，如果使用多个源图像，则这些图像的像素尺寸必须相同。

执行"图像"—"计算"命令，可以打开"计算"对话框，如图 6-2-16 所示。

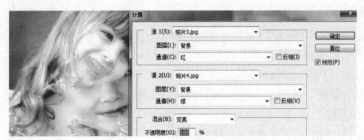

图 6-2-16　"计算"对话框

【任务拓展】消除人物脸部的斑点

操作视频

1．启动 Photoshop CS6 软件，打开素材文件夹中的"人脸.jpg"图像文件，复制背景层命名为"图层 1"，隐藏背景层。

2．进入"通道"面板，复制"蓝"通道，得"蓝"副本，激活"蓝"副本，如图 6-2-17 所示。

3．执行"滤镜"—"其他"—"高反差保留"命令，"半径"设置为 9 像素，如图 6-2-18 所示。

4．将前景色的颜色值修改为 #9f9f9f，在工具箱中选择"画笔工具"，在眼睛和嘴巴上涂抹，如图 6-2-19 所示。

5．执行"图像"—"计算"命令，修改混合模式为"强光"，然后再执行"图像"—"计算"命令 3 次，最后得到"Alpha 2"通道，如图 6-2-20 所示。

6．再次执行"图像"—"计算"命令 2 次，最后得到"Alpha 3"通道，如图 6-2-21 所示。

7．按住"Ctrl"键单击"Alpha 3"通道，以"Alpha 3"作为选区，执行"选择"—"反选"命令或按"Ctrl+Shift+I"键反选选区。

图 6-2-17 复制"蓝"通道

图 6-2-19 涂抹眼睛和嘴巴

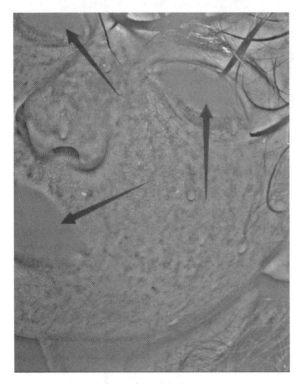

图 6-2-18 高反差保留

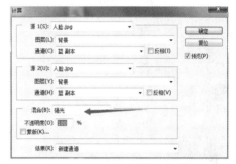

图 6-2-20 "计算"对话框

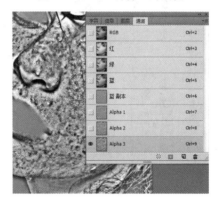

图 6-2-21 执行计算后的通道

8. 回到"图层"面板,创建"曲线"调整层,在"曲线"属性对话框中修改参数,"输入"为 130,"输出"为 160,如图 6-2-22 所示。

图 6-2-22 调整曲线

9. 执行"图层"—"合并可见层"命令,得到新的"图层1",复制背景层2次,并将它们移动到"图层1"上面,如图6-2-23所示。

10. 选中"背景 副本"图层,执行"滤镜"—"模糊"—"表面模糊"命令,将其不透明度修改为65%,参数如图6-2-24所示。

11. 选中"背景 副本2"图层,执行"图像"—"应用图像"命令,参数通道为"红",混合模式为"正常",如图6-2-25所示。

12. 执行"滤镜"—"其他"—"高反差保留"命令,"半径"设置为0.6,如图6-2-26所示。

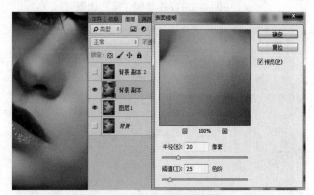

图6-2-23　图层关系　　　　　　　　　图6-2-24　表面模糊

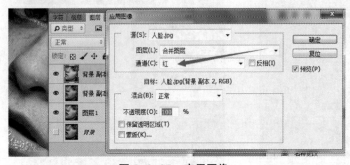

图6-2-25　应用图像　　　　　　　　　图6-2-26　高反差保留

13. 将"背景 副本2"图层模式修改为"线性光"模式,如图6-2-27所示。

14. 将"图层1"(通道计算去斑层),"背景 副本"(表面模糊层)和"背景 副本2"(红通道的高反差层)合并为"组1",图层模式为"穿透",并加上黑色蒙版,如图6-2-28所示。

图6-2-27　改变图层模式　　　　　　　图6-2-28　为组添加黑色蒙版

15. 选取"画笔工具","不透明度"为85%,"流量"为100%,前景色为白色,背景色为黑色。在皮肤上涂抹,质感皮肤出现,斑点消失,如图6-2-29所示。

16. 合并可见层,执行"滤镜"—"锐化"—"智能锐化"命令,修改参数"数量"为30%,"半径"为1.0像素,移去"高斯模糊",如图6-2-30所示。

17. 执行"编辑"—"渐隐"命令,修改"不透明度"为60%,"模式"为正常。利用工具箱中的"模糊工具",对面部部分进行适当的模糊处理,用曲线调整图像整体明暗度,得到最终效果,如图6-2-31所示。

图 6-2-29 涂抹皮肤

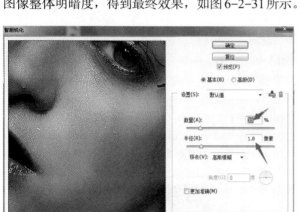

图 6-2-30 智能锐化

图 6-2-31 调整曲线

任务3 利用蒙版制作简易边框

【任务分析】

本任务主要通过应用快速蒙版,在图像上创建一个临时的屏蔽层,可以保护所选区域免于被操作,而处于蒙版范围外的地方则可以使用滤镜特效进行编辑与处理,从而制作简单的边框效果。

【任务步骤】

1. 启动 Photoshop CS6 软件,打开素材文件夹中的"风景.jpg"图像文件,使用"矩形选框工具"在图像中创建一个矩形选区,如图6-3-1所示。

2. 单击工具箱下方的"以快速蒙版模式编辑"按钮,或按"Q"键进入快速蒙版编辑模式,如图6-3-2所示。

操作视频

图 6-3-1 创建矩形选区

图 6-3-2 快速蒙版编辑模式

3. 执行"滤镜"—"扭曲"—"波浪"命令，弹出"波浪"对话框，输入参数：生成器数 147，波长最小 59、最大 87，波幅最小 1、最大 10，比例水平 100%、垂直 100%，类型为正弦，未定义区域为"重复边缘像素"，如图 6-3-3 所示，单击"确定"按钮。

4. 返回图像界面，图像四周添加了简易的边框，如图 6-3-4 所示。

5. 按"Q"键退出快速蒙版编辑模式，得到一个新的选区，执行"选择"—"反选"菜单命令，新建一个新的图层，填充白色，如图 6-3-5 所示。

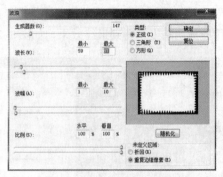

图 6-3-3 "波浪"对话框

图 6-3-4 简易边框

图 6-3-5 退出快速蒙版编辑模式

6. 双击上面新填充的白色图层，打开"图层样式"对话框，仿照图 6-3-6 为其添加"斜面和浮雕"效果，最终效果如图 6-3-7 所示。

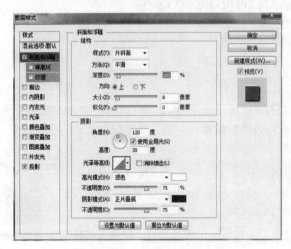

图 6-3-6 "斜面和浮雕"

图 6-3-7 最终效果

7. 执行"文件"—"存储为"命令，保存文件为"JPG"格式，到此简易相框完成。

【相关知识】

1. 什么是蒙版

蒙版是浮在图层之上的一块挡板，它本身不包含图像数据，只是对图层的部分数据起遮挡作用，当对图层进行操作处理时，被遮挡的数据将不会受影响。

蒙版的好处也像玻璃一样，不论对蒙版进行何种操作都不会直接影响到原有的图片，当然如果合并了层就直接影响了。相对于调曲线和调色阶，蒙版是最简单易学的，因为要调节的参数不多，通常就只有一个透明度需要调整，而且保存为PSD文件可以保留蒙版层，所以即使有突发事件也可以保存数日后继续调整。用蒙版调色适合于恢复色调比较灰的照片，如果要全面地修改画面的色调，最好配合其他工具一起使用。

2. 蒙版原理

蒙版是将不同灰度色值转化为不同的透明度，并作用到它所在的图层，使图层不同部位透明度产生相应的变化。黑色为完全透明，白色为完全不透明。

3. 蒙版的优点

（1）修改方便，不会因为使用橡皮擦或剪切删除而造成不可返回的遗憾；
（2）可运用不同滤镜，以产生一些意想不到的特效；
（3）任何一张灰度图都可用来作为蒙版。

4. 蒙版的主要作用

（1）抠图；
（2）做图的边缘淡化效果；
（3）图层间的融合。

5. 蒙版的种类

（1）图层蒙版：主要用于获取图层的显示范围，设置渐变、朦胧显示或倒影，再结合一些滤镜，可以产生很多不同的效果。

使用方法：选择要使用蒙版的图层，单击"图层"面板底部的"添加图层蒙版"按钮 ▢ ，即可为当前图层添加一个白色的蒙版，使用"选区工具"填充灰色或使用"画笔工具"在蒙版中绘制图案，涂成黑色的部分当前层的图像不可见，涂成白色的部分当前层图像是可见的，涂成灰色的部分当前层图像是半透明的，图层蒙版效果如图 6-3-8 所示。

图 6-3-8 图层蒙版效果

（2）剪贴蒙版：主要用于获取一定形状的显示效果，类似于形状填充图像、颜色，也可以理解为将图像按要求剪贴出来。此蒙版需要 2 个图层以上，单独使用剪贴蒙版，无法实现渐变显示，但可以模糊透明显示。剪贴蒙版与图层蒙版不同，跟黑白色无关。

操作方法：在图层下创建一个新图层，右击要添加剪贴蒙版的图层，在快捷菜单中选择"创建剪贴蒙版"选项，在新图层中绘制一个任何颜色的图案（或使用选取填充），则该图案中有颜色的部分图像被显示出来，如图 6-3-9 所示。剪贴蒙版使用效果如图 6-3-10 所示。

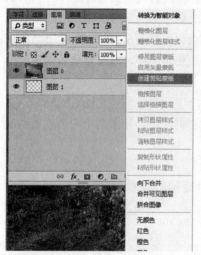

图 6-3-9 创建剪贴蒙版　　　　　　　　图 6-3-10 剪贴蒙版使用效果

（3）矢量蒙版：主要用于创建一定形状的边缘清晰的图形，可以使用"钢笔工具""形状工具"等进行绘制和调整路径。

操作方法：选择要添加矢量蒙版的图层，按"Ctrl"键单击"图层"面板底部的"添加图层蒙版"按钮 ，即可为当前图层添加一个矢量蒙版，使用"形状工具"在蒙版中绘制一个图形，图形内部被白色自动填充，外面被黑色填充，白色部分对应的图层图像为透明，黑色部分为不透明，单击中间的"链接"按钮 ，可断开图像和蒙版之间的链接，图像和蒙版不能一起移动。再次单击链接位置可以重新链接在一起，图像和蒙版一起移动。矢量蒙版效果如图 6-3-11 所示。

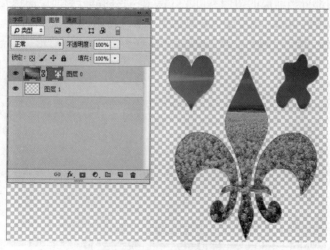

图 6-3-11 矢量蒙版效果

（4）快速蒙版：主要用于获得一定的选区，本身不会对原图层有什么变化，快速蒙版与黑白色是有关系的。

使用方法：选择要应用快速蒙版的图层，按"Q"键即可为该图层创建快速蒙版，如图6-3-12所示。使用"画笔工具"在图层上绘制一个图案，此时图像上以红色显示。再次按"Q"键退出快速蒙版，绘制图案部分以外被选区选择。此时可以执行"选择"—"反向"命令，复制选区再粘贴选区，将选区复制到新图层中，为图层添加一个图层效果，如图6-3-13所示。

图6-3-12　绘制快速蒙版

图6-3-13　使用快速蒙版制作的效果

【任务拓展】制作童年艺术照片

本任务主要是利用矢量蒙版完成快乐童年艺术照片的制作。

操作视频

【任务步骤】

1. 启动Photoshop CS6软件，打开素材文件夹中"童年.jpg"和"艺术背景.jpg"图像文件，如图6-3-14、图6-3-15所示。

图 6-3-14　童年

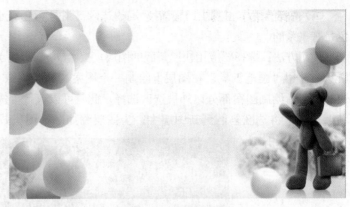
图 6-3-15　艺术背景

2. 使用"移动工具"将素材"童年"移动到素材"艺术背景"文件中，生成"图层1"。

3. 按"Ctrl+T"键，对"图层1"的图片进行缩放和移动操作，移动到合适的位置，如图 6-3-16 所示。

4. 隐藏"图层1"，设置前景色为黑色，选择"自定形状工具"，并在属性栏中设置为"路径"，再单击打开"形状"选项框，在弹出的下拉列表中选择"红心形卡"。在图中合适位置绘制红心，并按"Ctrl+T"键对形状进行变形，如图 6-3-17 所示。

图 6-3-16　移动后的效果

图 6-3-17　绘制心形路径

5. 红心路径调整到合适的位置后，按"Enter"键，设置"图层1"可见，执行"图层"—"矢量蒙版"—"当前路径"命令，蒙版效果生成，如图 6-3-18 所示。

6. 双击"图层1"，弹出"图层样式"对话框，选择"描边"选项，鼠标指针移动到粉色气球处，将描边的颜色选择为粉色，其他参数如图 6-3-19 所示。

图 6-3-18　蒙版效果

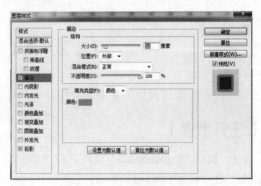
图 6-3-19　"描边"样式

7. 选择"文字工具",设置文字属性,如图 6-3-20 所示。用"吸管工具"选择素材背景中的小熊的粉色为前景色,输入文字"快乐童年",调整好位置。

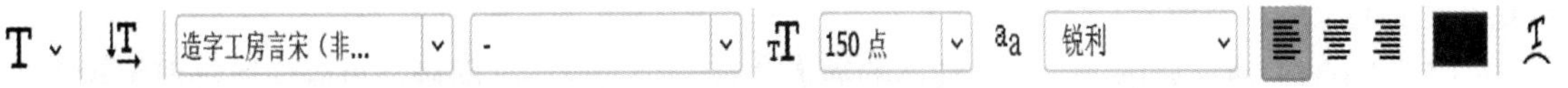

图 6-3-20　"文字工具"属性栏

8. 双击"文字图层",弹出"图层样式"对话框,选择"投影"选项,参数为默认,为文字添加投影效果,艺术照片最终完成,效果如图 6-3-21 所示。

图 6-3-21　最终效果

项目评价

本项目主要介绍了 Photoshop 核心之———通道与蒙版。通道用于存储图像的颜色信息、保存选区和建立特别的色板;蒙版实际上是一种透明的模板,覆盖在图像上保护被遮蔽的区域,而只允许对未被遮蔽的区域进行修改,是用来编辑、隔离和保护图像的。完成本项目任务后,你有何收获,为自己做个评价吧!

评价 分类	很满意	满意	还可以	不满意
任务完成情况				
与同组成员沟通及协调情况				
知识掌握情况				
体会与经验				

巩固与提高

【知识巩固】

1. 填空题

(1)在 Photoshop 中打开一幅 RGB 颜色模式的图像,在"通道"面板中会显示出复合通道和_____、_____、_____3个颜色通道。

（2）颜色通道也称为原色通道，是系统根据_____自动生成的颜色通道，默认的颜色通道数量取决于图像的颜色模式。

（3）"Alpha"通道是由_____创建的通道，是一个_____图像，可以使用任何编辑工具或滤镜来编辑"Alpha"通道。

2．选择题

（1）在"图层"面板的某个图层中设定了蒙版后，在"通道"面板中会生成一个临时"Alpha"通道。（　　）

　　A．是　　　　　　　　B．不是

（2）在"通道"面板中"Alpha"通道或专色通道是不能移到默认的颜色通道上面的，除非当图像处于多通道模式时，才可以。（　　）

　　A．是　　　　　　　　B．不是

（3）"应用图像"命令可以将源图像的图层和通道与目标图像（当前图像）的图层和通道相混合，生成一个新的图像。（　　）

　　A．是　　　　　　　　B．不是

【技能提高】

通道中生成蒙版合成替换宝石颜色

利用素材图6-4-1（a）（b）完成替换宝石颜色，最终效果如图6-4-1（c）所示。

（a）"宝石"素材；　　　　　（b）"花朵"素材；　　　　　（c）"最终效果"

图6-4-1　素材与效果

提示：

（1）将"宝石"素材复制一层，将绿色通道复制，将前景色设置为白色，使用"画笔工具"，将水晶饰物以外的区域涂成白色，如图6-4-2所示。

（2）通道中白色可以转换为选区，而现在背景是白色，按"Ctrl+I"快捷键将通道反选，白色背景就变成了黑色，如图6-4-3所示。按"Ctrl+A"快捷键全选，再按"Ctrl+C"快捷键复制该通道到剪贴板中，按"Ctrl+2"快捷键返回到"RGB"复合通道，重新显示色彩图像。

（3）打开另外一张素材，用"移动工具"将其拖到水晶石文档中，单击"生成图层蒙版"按钮，添加图层蒙版。

（4）按住"Alt"键单击蒙版缩览图，文档窗口中会显示蒙版图像，按"Ctrl+V"快捷键将复制的通道粘贴到蒙版中，按"Ctrl+D"快捷键选择，如图6-4-4所示。

图6-4-2 复制绿色通道　　图6-4-3 背景变成黑色　　图6-4-4 将复制的通道粘贴到蒙版

（5）单击图像缩览图重新显示图像内容，单击调整面板中的"曲线调节"按钮，如图6-4-5所示。调整图层。在预设下拉菜单中选择"强对比度（RGB）"选项增加对比度，如图6-4-6所示。

 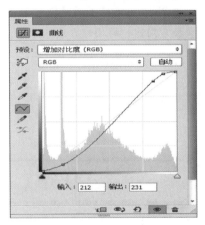

图6-4-5 添加曲线调整层　　　　　　图6-4-6 设置曲线预设

项目6　通道与蒙版的运用　181

项目 7 滤镜效果应用

学习目标：
- 认识 Photoshop CS6 的滤镜种类
- 掌握常用滤镜的操作方法
- 能灵活使用滤镜编辑特殊图像效果
- 掌握滤镜的使用方法

任务 1 制作五彩烟花

【任务分析】

本任务使用 Photoshop CS6 中的滤镜工具，通过认识滤镜的极坐标、液化、风等，让我们更好地了解和掌握滤镜的知识与技能。

【任务步骤】

操作视频

1. 启动 Photoshop CS6 软件，新建一个"宽度"和"高度"为 800 像素 ×800 像素的文件。
2. 选择"渐变工具"，在"渐变编辑器"中选择"色谱"渐变色或调出自己喜欢的渐变颜色，如图 7-1-1 所示。
3. 选择"线性"渐变，在画布中垂直拉出一条色彩渐变，如图 7-1-2 所示。
4. 执行"滤镜"—"扭曲"—"极坐标"命令，选择"平面坐标到极坐标"，如图 7-1-3 所示。
5. 按快捷键"D"把前景色恢复到默认的黑白色或直接单击 按钮，执行"滤镜"—"像素化"—"点状化"命令，设置单元格大小为 30 后单击"确定"按钮，如图 7-1-4 所示。
6. 执行"滤镜"—"风格化"—"查找边缘"命令，效果如图 7-1-5 所示。然后执行"图像"—"调整"—"反相"命令或按快捷键"Ctrl+I"，效果如图 7-1-6 所示。
7. 按快捷键"X"或单击 按钮切换前景和背景色，执行"滤镜"—"像素化"—"点状化"命令，设置单元格大小为 15，然后单击"确定"按钮，如图 7-1-7 所示。

8. 单击"椭圆选框工具"按钮 ○., 设置"羽化"值为30, 按"Shift"键在画布中画出一个正圆选区, 按"Ctrl+J"键通过拷贝的图层提取出来, 如图7-1-8所示。

9. 在"图层"面板中单击"新建图层"按钮, 或按"Ctrl+Shift+N"键新建图层, 按"Shift+F5"键打开"填充"对话框, 填充背景色为黑色或执行"编辑"—"填充"命令, 选择"背景色"。将"图层2"移动到"图层1"下方, 如图7-1-9所示。

图 7-1-1 "色谱"渐变色

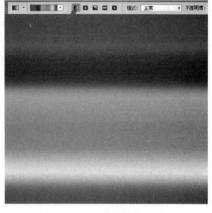

图 7-1-2 "线性"渐变

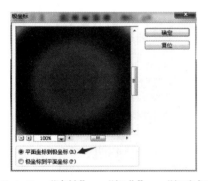

图 7-1-3 "滤镜"—"扭曲"—"极坐标"

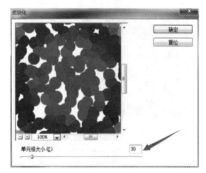

图 7-1-4 "滤镜"—"像素化"—"点状化"

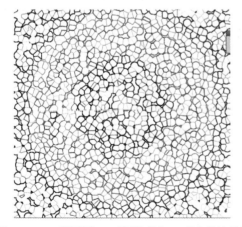

图 7-1-5 "滤镜"—"风格化"—"查找边缘"

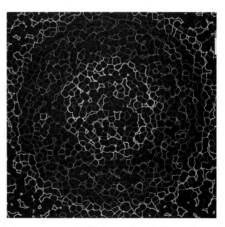

图 7-1-6 "图像"—"调整"—"反相"

项目7 滤镜效果应用 | 183

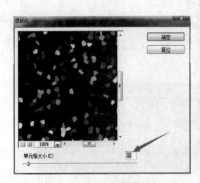
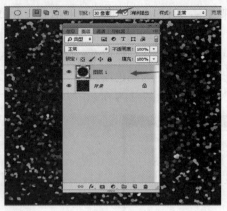
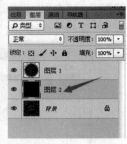

图 7-1-7　"滤镜"—"像素化"—"点状化"　　　图 7-1-8　提取　　　图 7-1-9　"编辑"—"填充"

10. 选择"图层 1",执行"滤镜"—"扭曲"—"极坐标"命令,选择"极坐标到平面坐标"选项,单击"确定"按钮,如图 7-1-10 所示。

11. 执行"图像"—"图像旋转"—"90 度(顺时)"命令,执行"滤镜"—"风格化"—"风"命令,在"风"对话框中选择"从左"选项后单击"确定"按钮。执行"滤镜"—"风"命令 2 次或按"Ctrl+F"键执行上一次滤镜风 2 次,加强效果,如图 7-1-11 所示。

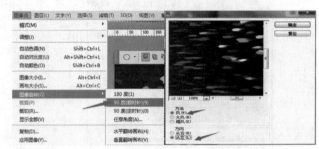

图 7-1-10　"滤镜"—"扭曲"—"极坐标"　　　图 7-1-11　"风"效果

12. 执行"图像"—"图像旋转"—"90 度(逆时)"命令,再次执行"滤镜"—"扭曲"—"极坐标"命令,选择"平面坐标到极坐标"选项后单击"确定"按钮,如图 7-1-12 所示。

图 7-1-12　极坐标

13. 在"图层"面板中单击"创建新的填充或调整图层",选择"色相/饱和度"调整图层,将图层模式设置为"颜色",在"属性"面板中,勾选"着色",修改色相、饱和度、明度来调整喜欢的颜色,如图 7-1-13 所示。

14. 保存文件,执行"文件"—"存储或存储为"命令,在弹出的"存储为"对话框中,选择保存位置、输入文件名,在类型中选择"JPEG"格式,单击"保存"按钮。

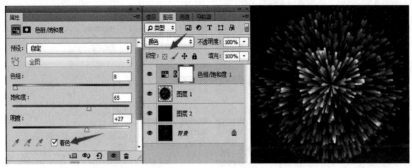

图 7-1-13　调整像

【相关知识】

Photoshop 的滤镜功能可以用来实现图像的各种特殊效果,具有非常神奇的作用。滤镜的操作非常简单,但是真正使用起来却很难恰到好处,通常要同通道、图层等联合使用,才能获得不同寻常的艺术效果,需要很丰富的想象力。滤镜的功能十分强大,需要在不断的实践中积累经验,才能使应用滤镜的水平达到炉火纯青的境界,从而创作出具有神奇效果的电脑艺术作品。

1. Photoshop 中"滤镜"菜单,如图 7-1-14 所示。

2. 滤镜库:Photoshop CS6"滤镜库"是整合了多个常用滤镜组的设置对话框。利用 Photoshop CS6"滤镜库"可以累积应用多个滤镜或多次应用单个滤镜,还可以重新排列滤镜或更改已应用的滤镜设置,如图 7-1-15 所示。

在滤镜库中默认有风格化、画笔描边、扭曲、素描、纹理、艺术效果等分组,可以从中选取滤镜,直接应用到图像中。

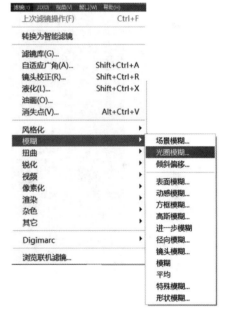

图 7-1-14　滤镜菜单

3. 液化:使用"液化"功能,可以对图像的任何区域进行各种各样的类似于液化效果变形,如旋转、扭曲、收缩、膨胀以及映射等。变形的程度可以任意控制,可以是轻微的变形,也可以是非常夸张的变形效果,如图 7-1-16 所示。

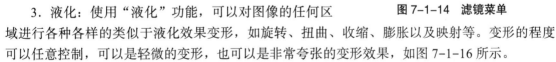 向前变形工具:拖拽鼠标时,此工具向前推动像素。

重建工具:当图像被变形后,使用该工具可以修复变形。

褶皱工具:将像素向画笔区域的中心移动。

膨胀工具:将像素向远离画笔区域中心的方向移动。

左推工具:将像素垂直移向绘制方向,按"Alt"键拖动鼠标可以将像素向左推移。

抓手工具:当画面放大时可以移动画面。

项目 7　滤镜效果应用

缩放工具：选择后单击可以放大画面，按"Alt"键单击可以缩小画面。

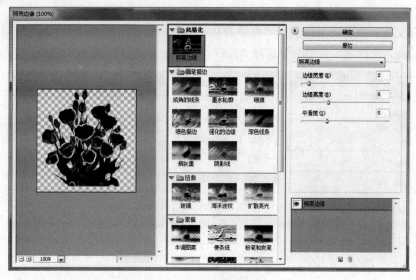

图 7-1-15 滤镜库

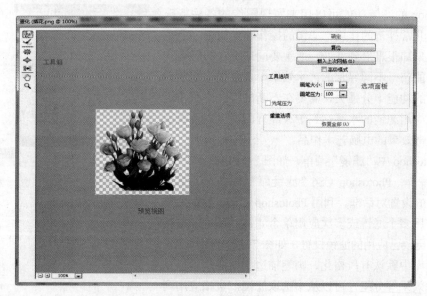

图 7-1-16 液化

4．常用滤镜详解。

（1）风格化滤镜。

查找边缘：通过强化颜色过滤区，从而使图像产生轮廓被铅笔勾画的描边效果。使用这个滤镜，系统会自动寻找，识别图像的边缘，用优美的细线描绘它们，并给背景填充白色，使一幅色彩浓郁的图像变成别具风格的速写。原图及查找边缘效果分别如图 7-1-17、图 7-1-18 所示。

等高线：产生的是一种异乎寻常的简洁效果——白色底色上简单地勾勒出图像细细的轮廓，如图 7-1-19 所示。参数：①色阶：描绘边缘的程度。②边缘：a．较高：在图像轮廓线下描绘；b．较低：在图像轮

图 7-1-17 原图

廓线上描绘。

风：在图像中增加一些小的水平线以达到起风的效果，如图 7-1-20 所示。参数：①方式：a. 风；b. 大风；c. 飓风。②方向：a. 从左；b. 从右。

浮雕效果：通过勾画图像轮廓和降低周围像素色值从而生成具有凸凹感的浮雕效果，如图 7-1-21 所示。参数：①角度：可控制图像浮雕的投影方向。②高度：控制浮雕的高度。③数量：可控制滤镜的作用范围。

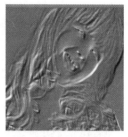

图 7-1-18　查找边缘　　　图 7-1-19　等高线　　　图 7-1-20　风　　　图 7-1-21　浮雕效果

扩散：移动像素的位置，使图像产生油画或毛玻璃的效果，如图 7-1-22 所示。参数：模式：表现图像像素的作用范围。①正常：以随机方式分布图像像素；②变暗优先：突出显示图像的暗色像素部分；③变亮优先：突出显示图像的高亮像素部分。

拼贴：将图像分割成有规则的分块，从而形成拼图状的瓷砖效果，如图 7-1-23 所示。参数：①拼贴数：控制拼图主块的密度。②最大位移：控制方块的间隙。

曝光过度：将图像正片和负片混合，从而产生摄影中的曝光效果，如图 7-1-24 所示。

凸出：产生一个三维的立体效果，如图 7-1-25 所示。使像素挤压出许多正方形或三角形，可将图像转换为三维立体图或锥体，从而生成三维背景效果。参数：类型：可以控制三维效果的形状：①块；②金字塔大小：变形的尺寸，设置立方体或锥体的底面大小。深度：可以是随机或基于色阶。立方体正面：使立体化后图像像素的平均色作用。蒙版不完整块：使图像立体化后超出界面部分保持不变。

图 7-1-22　扩散　　　图 7-1-23　拼贴　　　图 7-1-24　曝光过度　　　图 7-1-25　凸出

（2）扭曲滤镜：通过对图像应用扭曲变形实现各种效果。

波浪：使图像产生波浪扭曲效果，如图 7-1-26 所示。

波纹：可以使图像产生类似水波纹的效果，如图 7-1-27 所示。

极坐标：可将图像的坐标从平面坐标转换为极坐标或从极坐标转换为平面坐标，如图 7-1-28 所示。

挤压：使图像的中心产生凸起或凹下的效果，如图 7-1-29 所示。

切变：可以控制指定的点来弯曲图像，如图 7-1-30 所示。

球面化：可以使选区中心的图像产生凸出或凹陷的球体效果，类似挤压滤镜的效果，如图 7-1-31 所示。

图 7-1-26 波浪

图 7-1-27 波纹

图 7-1-28 极坐标

图 7-1-29 挤压

图 7-1-30 切变

图 7-1-31 球面化

水波：可以模拟水池中的波纹，在图像产生类似于向水池中投入石子后水面的变化形态，"水波"滤镜多用来制作水的波纹，如图 7-1-32 所示。

旋转扭曲：以图像中心为旋转中心，对图像进行旋转扭曲。"旋转扭曲"滤镜可以使图像产生旋转的风轮效果，旋转会围绕图像中心进行，中心旋转的程度比边缘大，如图 7-1-33 所示。

图 7-1-32 水波

图 7-1-33 旋转扭曲

【任务拓展】 制作火焰字效果

操作视频

1. 启动 Photoshop CS6 软件，新建一个"宽度"和"高度"为 500 像素×400 像素、"分辨率"为 300 像素/英寸、"颜色模式"为 RGB 颜色的文件，如图 7-1-34 所示。

2. 按"D"键将前景色还原为"黑色"，按"Alt+Delete"快捷键，将 Photoshop CS6 画布填充为黑色。

3. 工具箱中选择"横排文字工具" T.，设置字体和字体大小，在 Photoshop CS6 图像窗口中输入文字"火焰字"，如图 7-1-35 所示。

4. 在"图层"面板中按住"Ctrl"键，单击"火焰字"图层缩览图，载入选区，按"Ctrl+C"键复制选区。

5. 选择背景层和文字层，执行"图层"—"向下合并"命令，将文字层和背景层合并。

6. 执行"图像"—"旋转图像"—"90 度（顺时针）"命令，如图 7-1-36 所示。

7. 执行"滤镜"—"风格化"—"风"命令，风的方向为"从左"，单击"确定"按钮。按"Ctrl+F"键执行 3 次，得到如图 7-1-37 所示效果。

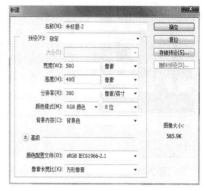

图 7-1-34 新建文件

图 7-1-35 填充

图 7-1-36 顺时针旋转

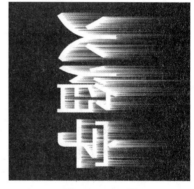

图 7-1-37 风

8. 执行"图像"—"旋转图像"—"90 度（逆时针）"命令。

9. 执行"滤镜"—"模糊"—"高斯模糊"命令，将半径设置为"2.5"后单击"确定"按钮，如图 7-1-38 所示。

10. 执行"滤镜"—"扭曲"—"波纹"命令，打开"波纹"对话框，设置大小为"中"，单击"确定"按钮，如图 7-1-39 所示。

11. 执行"图像"—"模式"—"灰度"命令，再执行"图像"—"模式"—"索引颜色"命令，再执行"图像"—"模式"—"颜色表"命令，在弹出的"颜色表"对话框中选择"黑体"，如图 7-1-40 所示。

图 7-1-38 高斯模糊

12. 按"Ctrl+V"键粘贴选区，将选区移动到适当位置，设置前景色 RGB 颜色为（R：255，G：174，B：0）；按"Alt+Delete"键用前景色填充选区。

13. 按"Ctrl+D"键取消选区，效果如图 7-1-41 所示。

14. 保存文件，执行"文件"—"存储或存储为"命令，在弹出的"存储为"对话框中，选择保存位置、输入文件名，在类型中选择"JPEG"格式，单击"保存"按钮。

图 7-1-39 波纹

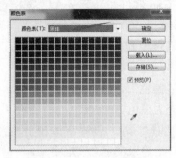
图 7-1-40 颜色表

图 7-1-41 案例效果

任务 2 制作破旧书皮

【任务分析】

本任务使用 Photoshop CS6 中的渲染滤镜、扭曲滤镜工具来制作破旧书皮。

【任务步骤】

1. 新建一个文件，设置"宽度"和"高度"为 363 像素 ×483 像素，"颜色模式"为 RGB 颜色，"背景内容"为白色，如图 7-2-1 所示。

2. 打开"通道"面板，新建一个"Alpha"通道，设置前景色和背景色为黑白，执行"滤镜"—"渲染"—"云彩"命令，效果如图 7-2-2 所示。

图 7-2-1 新建文档图

图 7-2-2 "滤镜"—"渲染"—"云彩"

3. 执行菜单栏上的"滤镜"—"滤镜库"命令，展开"艺术效果"滤镜组，单击"调色刀"滤镜缩略图，参数设置及效果如图 7-2-3 所示。

4. 在"滤镜库"对话框右下方单击"新建效果图层"按钮，在原效果图层上新建一个"调色刀"效果图层。单击"海报边缘"滤镜缩略图，即可在新建的效果图层上应用该效果，从而实现两种滤镜的叠加效果，参数设置及效果如图 7-2-4 所示。

5. 继续在"滤镜库"对话框右下方单击"新建效果图层"按钮，展开"扭曲"滤镜组，单击"玻璃"滤镜缩览图，参数设置及效果如图 7-2-5 所示。

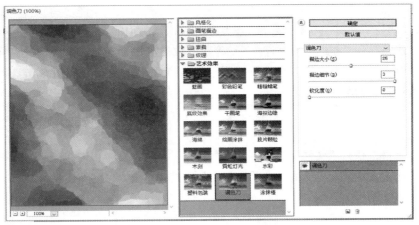

图 7-2-3 "调色刀"滤镜

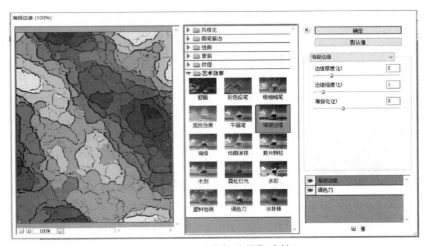

图 7-2-4 "海报边缘"滤镜

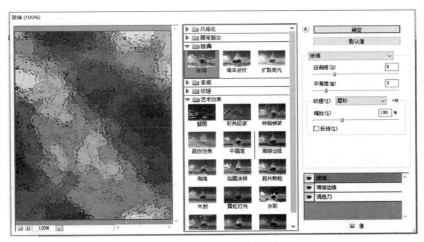

图 7-2-5 "玻璃"滤镜

6. 在应用上一步的"玻璃"后，不需要再执行任何操作。执行"编辑"—"渐隐滤镜库"命令，设置如图 7-2-6 所示，得到如图 7-2-7 所示效果。

7. 按住快捷键"Ctrl+A"全选，按"Ctrl+C"键复制，回到"RGB"复合通道，按"Ctrl+V"键粘贴，以 PSD 格式存储该文件，命名为"置换 .psd"，然后关闭文件。

8. 打开"唐诗"素材，单击"套索工具"按钮，圈选封面的右下角，形成选区，如图 7-2-8 所示。执行"滤镜"—"扭曲"—"置换"命令，参数设置如图 7-2-9 所示。单击"确定"按钮，在弹出的"选择一个置换图"对话框中选择刚刚保存的"置换 .psd"文件并单击"打开"按钮，即可扭曲图像，效果如图 7-2-10 所示。

9. 按"Ctrl+D"键取消选区，再用"橡皮擦工具" 适当擦除书的边缘，最终效果如图 7-2-11 所示。

10. 保存文件，执行"文件"—"存储或存储为"命令，在弹出的"存储为"对话框中，选择保存位置、输入文件名，在类型中选择"JPEG"格式，单击"保存"按钮。

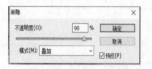

图 7-2-6　"编辑"—"渐隐滤镜库"

图 7-2-7　渐隐效果

图 7-2-8　形成选区

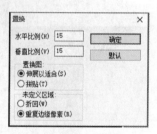

图 7-2-9　参数设置

图 7-2-10　置换图

图 7-2-11　案例效果

【相关知识】

1. "渐隐"滤镜效果

执行某个滤镜命令后,可以通过执行菜单栏上的"编辑"—"渐隐油画"命令,修改滤镜效果的混合模式和不透明度,如图 7-2-12 所示。使用"油画"滤镜处理图像后,可在"渐隐"对话框中设置不透明度和混合模式,以达到逐渐消隐滤镜效果的目的。

(a) 原图;　　　　　　　　　　(b) 油画滤镜;

(c) 执行渐隐后;　　　　　　　(d) "渐隐"对话框

图 7-2-12　渐隐

2. 常用滤镜

(1) "模糊"滤镜。

模糊滤镜效果包括 14 种滤镜,即场景模糊、光圈模糊、倾斜偏移、表面模糊、动感模糊、方框模糊、高斯模糊、进一步模糊、径向模糊、镜头模糊、模糊、平均、特殊模糊、形状模糊。模糊滤镜可以使图像中过于清晰或对比度过于强烈的区域,产生模糊效果。它通过平衡图像中已定义的线条和遮蔽区域清晰边缘旁边的像素,使变化显得柔和,下面介绍几种模糊滤镜。

①新增"模糊"滤镜:

a. 场景模糊:通过图像中添加的模糊控制点,并修改每个控制点的模糊参数值达到整个场景的模糊效果。如图 7-2-13 中的"场景模糊",就是通过 3 个模糊控制点,调整它们的模糊值产生的近景清晰、远景模糊的效果。

b. 光圈模糊:是通过添加控制点、控制模糊范围、过渡层次得到一种自然的大光圈镜头景深效果,如图 7-2-14 所示。

c. 倾斜偏移:倾斜偏移滤镜与光圈模糊滤镜其实并没有本质上的差别(指模糊方式上),只是可以控制的区域由椭圆形变成了平行线。中央圆圈上下共 4 条直线定义了从清晰到模糊区的过渡范围,同样可以改变模糊的程度。4 条水平直线也可以转动倾斜,如图 7-2-15 所示。

图 7-2-13　场景模糊　　　　图 7-2-14　光圈模糊　　　　图 7-2-15　倾斜偏移

②常用的模糊滤镜：

a. 动感模糊：可以使图像沿某个角度方向在视觉上产生动态的模糊效果，"距离"越大，模糊愈厉害，原图及动感模糊效果图分别如图 7-2-16、图 7-2-17 所示。

b. 高斯模糊：高斯模糊是常用的模糊方式，可以让图像根据高斯曲线进行选择性的模糊，产生精细而微妙的模糊变化，模糊值最低能达到 0.1 像素，如图 7-2-18 所示。

图 7-2-16　原图　　　　　　图 7-2-17　动感模糊　　　　图 7-2-18　高斯模糊

c. 径向模糊：径向模糊有"旋转""缩放"两种模糊方式，可以使图像产生旋转或放射性的模糊效果，如图 7-2-19 所示。

d. 进一步模糊：可以重复对同一对象使用，逐步加强模糊效果，如图 7-2-20 所示。

e. 平均模糊：类似于将当前区域"以整个区域的平均色调"进行填充，可以有效地用于消除色偏，如图 7-2-21 所示。

图 7-2-19　径向模糊　　　　图 7-2-20　进一步模糊　　　图 7-2-21　平均模糊

f. 表面模糊：在保留边缘的同时模糊图像，主要用于创建特殊效果并消除杂色或粒度，如对人像的皮肤进行磨皮、去除斑点，如图 7-2-22 所示。

g. 方框模糊：以一定大小的矩形为单位，对矩形内包含的像素进行整体模糊运算并生成相关预览，如图 7-2-23 所示。

h. 特殊模糊：自动区别对象的边界并锁定该边界，对边界内符合选定阈值的像素点进行模糊运算并生成相关预览，色彩不溢出边界，如图 7-2-24 所示。

　　i. 形状模糊：以一定大小的形状（可自定义）为单位，对形状范围内包含的像素点进行整体模式运算并生成相关预览，如图 7-2-25 所示。

图 7-2-22　表面模糊

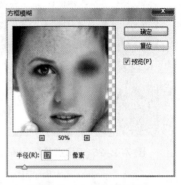

图 7-2-23　方框模糊

图 7-2-24　特殊模糊

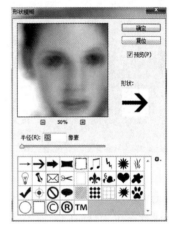

图 7-2-25　形状模糊

（2）"渲染"滤镜。

"渲染"滤镜在图像中创建云彩图案、折射图案和模拟的光反射。

①分层云彩：使用随机生成的介于前景色与背景色之间的值，生成云彩图案。此滤镜将云彩数据和现有的像素混合，其方式与"差值"模式混合颜色的方式相同。第一次选取此滤镜时，图像的某些部分被反相为云彩图案。应用此滤镜几次之后，会创建出与大理石纹理相似的凸缘与叶脉图案，如图 7-2-26 所示。

②光照效果：包括 17 种光照样式、3 种光照类型和 4 套光照属性，可以在 RGB 图像上产生无数种光照效果。还可以使用灰度文件的纹理（称为"凹凸图"）产生类似 3D 的效果，并存储自己的样式以在其他图像中使用，如图 7-2-27 所示。

③镜头光晕：利用镜头光晕可以模拟出亮光照射到相机镜头所产生的折射。通过单击图像缩览图的任一位置或拖拽其十字线，指定光晕中心的位置，如图 7-2-28 所示。

④纤维纹理：用灰度文件或其中的一部分填充选区。若要将纹理添加到文档或选区，请打开要用作纹理填充的灰度文档，并将它装入要进行纹理填充的图像的某一通道中（新建）。执行完效果后，可以看到灰度图浮凸在该图像中的效果，如图 7-2-29 所示。

项目 7　滤镜效果应用

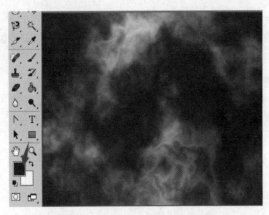
图 7-2-26 几次分层云彩效果

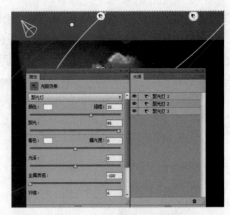
图 7-2-27 光照效果工具栏和属性

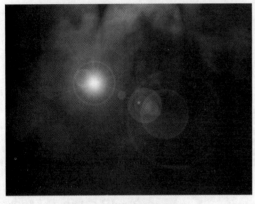
图 7-2-28 镜头光晕

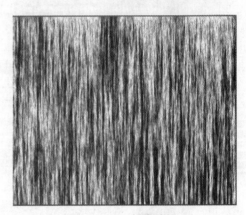
图 7-2-29 纤维纹理

⑤云彩：使用介于前景色与背景色之间的随机值，生成柔和的云彩图案，如图 7-2-30 所示。若要生成色彩较为分明的云彩图案，按住"Alt"键并选取"滤镜"—"渲染"—"云彩"命令。

（3）"像素化"滤镜

"像素化"滤镜将图像分成一定的区域，将这些区域转变为相应的色块，再由色块构成图像，类似于色彩构成效果。

①"彩块化"滤镜：使用纯色或相近颜色的像素结块来绘制图像，类似手绘的效果，原图和彩块化滤镜如图 7-2-31 所示。

图 7-2-30 云彩

图 7-2-31 原图和"彩块化"滤镜

②"彩色半调"滤镜：可以模拟在图像的每个通道上使用半调网屏效果，将一个通道分解为若干个矩形，然后用圆形替换掉矩形，圆形的大小与矩形的亮度成正比。

③"点状化"滤镜：可以将图像分解为随机分布的网点，模拟点状绘画的效果，使用背景色填充网点之间的空白区域。

④"晶格化"滤镜：使用多边形纯色结块重新绘制图像。

⑤"马赛克"滤镜：产生马赛克效果，将色素结为方形块。

⑥"铜版雕刻"滤镜：使用黑白或颜色完全饱和的网点图案重新绘制图像。

"彩色半调"滤镜、"点状化"滤镜、"晶格化"滤镜、"马赛克"滤镜、"铜版雕刻"滤镜效果图如图 7-2-32 所示。

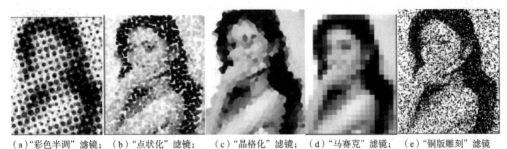

（a）"彩色半调"滤镜；　（b）"点状化"滤镜；　（c）"晶格化"滤镜；　（d）"马赛克"滤镜；　（e）"铜版雕刻"滤镜

图 7-2-32　像素化滤镜效果

⑦"碎片"滤镜：可将图像创建 4 个相互偏移的副本，产生类似重影的效果。

【任务拓展】制作木刻花

操作视频

1. 启动 Photoshop CS6 软件，打开素材文件夹中的"花 .jpg"图像文件，执行"风格化"—"查找边缘"命令，如图 7-2-33 所示，效果如图 7-2-34 所示。

2. 执行"图像"—"模式"—"灰度"命令，如图 7-2-35 所示。另存为"花 .PSD"源文件格式，如图 7-2-36 所示。

3. 打开素材文件夹中的"木材 .jpg"图像文件，执行"滤镜"—"滤镜库"命令，选择"纹理"—"纹理化"—"载入纹理"选项，如图 7-2-37 所示。

图 7-2-33　"风格化"—"查找边缘"

图 7-2-34　效果

图 7-2-35　"图像"—"模式"—"灰度"

图 7-2-36　效果

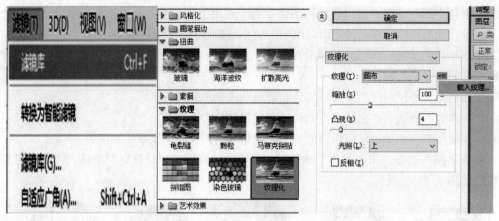

图 7-2-37 滤镜库

4. 载入"花.psd"文件，再对其属性进行设置，如图 7-2-38 所示，最终效果如图 7-2-39 所示。

图 7-2-38 载入文件

图 7-2-39 案例效果

5. 保存文件，执行"文件"—"存储或存储为"命令，在弹出的"存储为"对话框中，选择保存位置、输入文件名，在类型中选择"JPEG"格式，单击"保存"按钮。

任务 3　设计热气球

【任务分析】

本任务运用"扭曲"及"模糊"滤镜组来制作图像，目的是让学生了解"扭曲"及"模糊"滤镜组中包含的滤镜特效对图像产生的不同效果，进一步认识和了解这两个滤镜组中的滤镜特效的特点及应用，为后续学习打好基础。

【任务步骤】

1. 新建一个文件，命名为"欢乐迪士尼"，设置"宽度"和"高度"为 30 厘米 ×20 厘米，"颜色模式"为 RGB 颜色，背景为灰色。

2. 选择"矩形选框工具"，绘制一个橙白矩形，如图 7-3-1 所示。

操作视频

3. 按"Ctrl+R"快捷键打开标尺，选择"移动工具"，拖动水平和垂直 2 条辅助线，复制黑白矩形，拼成一个正方形，合并图层，将图像移动到以辅助线为中心的位置，如图 7-3-2 所示。

4. 选择"椭圆选框工具"，将光标对准参考线交点，按住"Alt+Shift"快捷键，绘制正圆形，执行"滤镜"—"扭曲"—"球面化"命令，将选区内的图形球面化，效果如图 7-3-3 所示。

 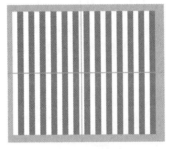 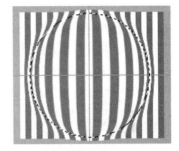

图 7-3-1　绘制橙白矩形　　　图 7-3-2　复制矩形　　　图 7-3-3　将选区的图形球面化

5. 执行"选择"—"反向"命令，删除不需要的图形，得到如图 7-3-4 所示的球图形。

6. 选择"圆角矩形工具"，绘制如图 7-3-5 所示的橙白（也可以选择彩色）矩形图形，先绘制一个颜色的圆角矩形，通过载入选区后减选选区再填充另一种颜色的方法来实现，也可以用其他方法。

7. 执行"编辑"—"变换"—"透视"命令，将图形透视成上宽下窄，如图 7-3-6 所示。

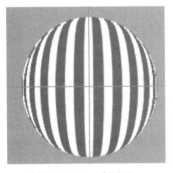  

图 7-3-4　球图形　　　　　图 7-3-5　矩形图形　　　　图 7-3-6　透视

8. 执行"编辑"—"变换"—"变形"命令，将图形的上下边变形成带一点弧形，如图 7-3-7 所示。

9. 选择"魔棒工具"，点选图中白色部分，用"渐变工具"填充银灰色渐变，再用"圆角矩形工具"在其下方绘制一个稍大一些的圆角矩形，填充银灰色渐变，做变形处理。

10. 执行"编辑"—"变换"—"透视"命令，将图形透视成上宽下窄，如图 7-3-8 所示。

11. 载入图形的选区，新建图层，执行"编辑"—"描边"命令，给选区描边，颜色为深灰色，

项目 7　滤镜效果应用

粗细为 2 像素，再用"多边形套索工具"（或"橡皮擦工具"）将两边的线去除，形成如图 7-3-9 所示的气球底座。

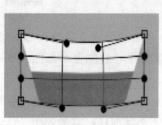
图 7-3-7　变形

图 7-3-8　透视

图 7-3-9　描边

12．绘制一个小正方形，填充橙色，复制并移动位置，效果如图 7-3-10 所示。

13．复制绘制好的图形，载入选区并填充白色，将其旋转 90°，与橙色图形拼合成如图 7-3-11 所示的图形，将光标对准中间交点，按"Alt+Shift"键拖拽鼠标指针选取一个小的正方形，如图 7-3-12 所示，执行"编辑"—"定义图案"命令，将图形定义为图案。

图 7-3-10　黑方

图 7-3-11　白方

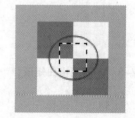
图 7-3-12　选取小的正方形

14．以辅助线交点为中心创建矩形，以自定义的图案填充得到如图 7-3-13 所示效果。

15．以辅助线交点为中心创建圆形选区，执行"滤镜"—"扭曲"—"球面化"命令，将选区内的图形球面化，如图 7-3-14 所示。执行"选择"—"反选"命令，将不需要的图形删除，得到如图 7-3-15 所示的第 2 个气球。

16．打开素材文件夹中的"迪士尼 .jpg"图像文件，用"移动工具"将其拖入新文件，调整大小，作为图像背景。

17．复制底座图形，分别将其与制作好的两个气球拼接，完成气球制作，分别合并两个气球与其底座图层，做出热气球，再分别复制两个合成好的热气球，调整图像的大小和位置，最终效果如图 7-3-16 所示。

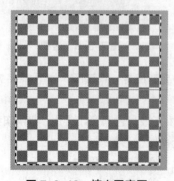
图 7-3-13　填充图案图

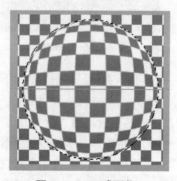
图 7-3-14　球面化

图 7-3-15　删除多余

图 7-3-16 案例效果

18. 保存文件，执行"文件"—"存储或存储为"命令，在弹出的"存储为"对话框中，选择保存位置、输入文件名，在类型中选择"JPEG"格式，单击"保存"按钮。

【相关知识】

外置滤镜

Photoshop 的滤镜功能非常强大，前面我们学习的滤镜为 Photoshop 软件提供的内置滤镜，如果我们想得到更多滤镜效果，还可以通过其他渠道获取大量的外置滤镜。

1．外置滤镜的加载或安装

将通过其他渠道获取的滤镜文件（默认为 .8bf）复制到 Photoshop CS6 的"filters"目录下（如 Photoshop CS6\Required\Plug-ins\Filters）中，重新启动 Photoshop 软件即可。

2．使用外置滤镜

打开外置滤镜菜单，如图 7-3-17 所示。在原来内置滤镜下方出现了新的滤镜，可以使用其中的滤镜多图像进行处理，如图 7-3-18 所示。

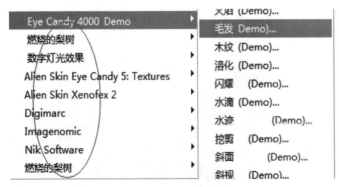

图 7-3-17 外置滤镜菜单

图 7-3-18 使用外置滤镜

【任务拓展】设计浮雕文字特效

继续在"欢乐迪士尼"的基础上来完成文字特效。

1. 选择"横排文字工具" 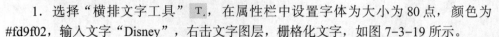,在属性栏中设置字体为大小为 80 点,颜色为 #fd9f02,输入文字"Disney",右击文字图层,栅格化文字,如图 7-3-19 所示。 操作视频

2. 在"图层"面板中按住"Ctrl"键单击"Disney"图层以选中文字,执行"选择"—"存储选区"命令,将文字选区存储为"Alpha1"通道,并切换到"通道"面板,如图 7-3-20 所示。

图 7-3-19　输入并栅格化文字

图 7-3-20　通道

3. 保持文字部分的选中状态,执行"滤镜"—"模糊"—"高斯模糊"命令若干次,第 1 次模糊半径为"9",第 2 次模糊半径为"6",第 3 次为"3",第 4 次为"1"。这样做的目的是使文字过渡平滑,如图 7-3-21 所示。

4. 放大字体,可以看到选区的边缘出现很多锯齿,如图 7-3-22 所示。按快捷键"Ctrl+Shift+I"反转选区,填充黑色,取消选区,边缘就光滑很多了,效果如图 7-3-23 所示。

图 7-3-21　高斯模糊

图 7-3-22　锯齿

图 7-3-23　光滑边缘

5. 按快捷键"Ctrl+2"返回"RGB"通道,确定"Disney"文字图层为当前操作图层,执行"滤镜"—"渲染"—"光照效果"命令,设置纹理通道为"Alpha1"通道,参数设置如图 7-3-24 所示。

6. 文字效果看起来不光滑,可以锁定"Disney"文字图层的透明像素,执行 3 次半径为"1"的高斯模糊,最终效果如图 7-3-25 所示。

图 7-3-24　"滤镜"—"渲染"—"光照效果"

图 7-3-25　案例效果

7. 保存文件，执行"文件"—"存储或存储为"命令，在弹出的"存储为"对话框中，选择保存位置、输入文件名，在类型中选择"JPEG"格式，单击"保存"按钮。

项目评价

本项目主要介绍滤镜工具功能的使用，你能灵活使用 Photoshop 中的滤镜工具各功能创建各种特效了吗？完成本项目任务后，你有何收获，为自己做个评价吧！

分类 评价	很满意	还可以	不满意
任务完成情况			
与同组成员沟通及协调情况			
知识掌握情况			
体会与经验			

巩固与提高

【知识巩固】

简答题

1. Photoshop CS6 中滤镜有哪些？试着说一说。
2. Photoshop 中哪个功能可以实现风的效果？

【技能提高】

1. 创意毛杂字（图7-4-1）。

提示：可利用"滤镜"—"杂色"—"添加杂色""滤镜"—"模糊"—"径向模糊"等功能实现效果。

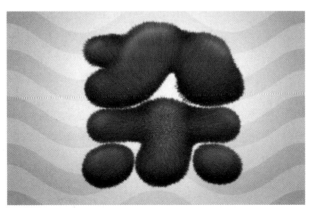

图7-4-1 创意毛杂字

2. 素描画（图7-4-2）。

图7-4-2　素描画

提示：汽车利用"滤镜"—"风格化"—"查找边缘"，背景利用"滤镜"—"杂色"—"添加杂色"功能来实现整体效果。

项目 8　3D 图像设计

学习目标：
- 能够创建 3D 网格凸出
- 能够对场景进行旋转、移动、缩放操作
- 能够对图层图像进行旋转、移动、缩放操作
- 会设计 3D 模型材质

任务 1　设计 3D 广告

本任务主要是通过 Photoshop 的 3D 功能，制作一些简单的模型，从而掌握"3D"面板的基本使用、3D 视图的基本操作。

操作视频

【任务步骤】

1. 启动 Photoshop CS6 软件，新建一个文件，"预设"为 web，"大小"为 1024 像素 × 768 像素，"颜色模式"为 RGB 颜色，如图 8-1-1 所示。

2. 打开"图层"面板，新建一新的图层，修改前景色为"红色"，按"Alt+Delete"键将前景色填充当前图层，打开"3D"面板，在新建 3D 对象选项中，在源处选择"选中的图层"，单击选择"从预设中创建网格"，从下面的列表中选择"立体环绕"选项后单击"创建"按钮，在图层中创建一个立方体的 3D 模型，如图 8-1-2 所示。

3. 在"图层"面板中，拖拽新创建的"图层 1"到新建图层按钮上，复制一个图层。再次新建一个图层，修改前景色为棕色，按"Alt+Delete"键将前景色填充当前图层，在"3D"面板中

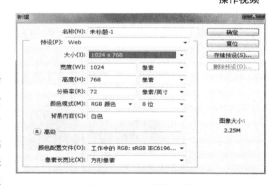

图 8-1-1　新建文件

重复前面的操作，预设选择"圆环"后单击"创建"按钮，如图 8-1-3 所示。

4. 用同样的方法再新建2个图层，分别创建红色圆柱体和棕色金字塔，如图 8-1-4、图 8-1-5 所示。

5. 在"图层"面板中，按住"Ctrl"键单击选择创建的 3D 模型图层，执行"3D"—"合并 3D 图层"命令，创建的 3D 模型就合并为一个图层。在"3D"面板中选择"当前视图"选项，在"属性"面板中选择"俯视图"选项，此时在场景显示的是由上向下看的效果，如图 8-1-6 所示。

图 8-1-2　创建立体环绕　　图 8-1-3　创建圆环　　图 8-1-4　创建圆柱体　　图 8-1-5　创建金字塔

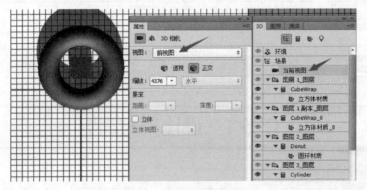

图 8-1-6　俯视图效果

6. 在 3D 工具栏中选择"3D 拖拽移动"，单击要移动的模型，在出现的坐标轴上拖拽移动表示（箭头），可以移动模型位置，如图 8-1-7 所示。将模型移动到不同的位置，若要隐藏图像阴影，可在"属性"面板中取消阴影勾选，如图 8-1-8 所示。

7. 拖拽坐标轴的移动、缩放改变模型大小及位置，分别在俯视图和前视图中移动模型，位置如图 8-1-9、图 8-1-10 所示。

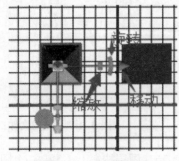 

图 8-1-7　坐标轴图示　　　　　　　　　图 8-1-8　取消阴影

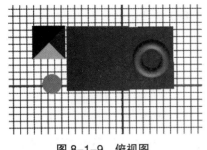
图 8-1-9 俯视图

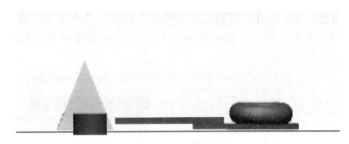
图 8-1-10 前视图

【小技巧】当鼠标指针移动到坐标轴上时，移动、旋转、缩放位置会发生颜色变化，说明此功能被激活，可以拖拽鼠标完成操作；当把鼠标指针移动到坐标中心时，也可以发生颜色和标识的变化，若整体按比例改变模型大小，可拖拽中心的缩放标识。

8. 使用"3D"工具栏中的工具 在画布空白处拖拽鼠标指针，可改变视角、位置，调整出适当的角度，如图 8-1-11、图 8-1-12 所示。

9. 调整材质，在"3D"面板中选择模型材质，如选择"圆环材质"，在"属性"面板中，修改材质的漫射、镜像、发光、环境等颜色，也可从材质库中选择设置好的材质球。对于多个面的模型可以单独设置每个面的材质，如图 8-1-13 所示。

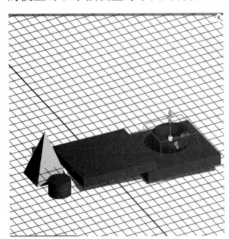

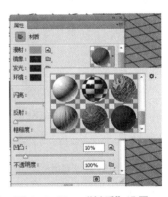

图 8-1-11 调整后位置　　　图 8-1-12 选择要调整的模型　　　图 8-1-13 "材质"设置

10. 调整灯光，单击"3D"面板中的"灯光"按钮，在"灯光属性"面板中可以修改光的类型、颜色、强度、阴影以及柔和度等参数，在画布中拖拽鼠标指针改变光照的方向，如图 8-1-14 至图 8-1-16 所示。

11. 打开"高跟鞋"素材，将其拖拽到新文件中，按"Ctrl+T"键调整大小，移动到展台中，调整"3D"图层角度与素材视角一致。

12. 在背景图层上面创建一新图层，填充深红色，为了增加颜色，可以再复制一份深红色图层，将图层模式改为"正片叠底"，为图层添加蒙版，在蒙版中添加渐变，如图 8-1-17 所示。

13. 选择"3D 模型"图层，单击"属性"面板中的"渲染"

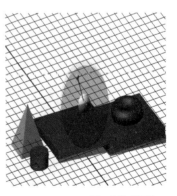

图 8-1-14 "灯光"设置

项目 8　3D 图像设计

按钮,如图 8-1-18 所示,对图层进行渲染(渲染速度与计算机硬件有关)。渲染完成后右击图层,将其转换为智能对象,如图 8-1-19 所示(如果对图像品质要求不是很高的情况,可以直接右击图层转换为智能对象)。

14. 在模型图层上添加一个色阶调整层,修改色阶,调整亮度值,如图 8-1-20 所示。

  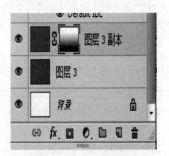

图 8-1-15 "灯光"面板　　图 8-1-16 "灯光"参数　　图 8-1-17 新建图层

  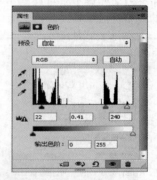

图 8-1-18 渲染　　图 8-1-19 转换为智能对象　　图 8-1-20 添加色阶调整层

15. 打开素材文件夹中的"插花.jpg"图像文件,将其移动到新文件中,通过"自由变换工具"快捷键"Ctrl+T"改变其大小,用"移动工具",将其移动到圆环上面,用"橡皮工具"擦除下面边缘,如图 8-1-21 所示。

16. 输入文字"华丽蜕变""只为致敬经典",修改大小和颜色和字体,调整到适当的位置,如图 8-1-22 所示,保存文件。

图 8-1-21 修改插花　　图 8-1-22 最终效果

【相关知识】

Photoshop 加入了 3D 功能后，其功能相当的强大，人们可以轻松地使用 3D 功能制作出立体效果的模型、文字等。

1. 3D 菜单栏（图 8-1-23）：对 3D 对象的大部分操作都可以通过 Photoshop CS6 中文版的 3D 菜单栏来实现。

（1）从 3D 文件新建图层：通过"打开"对话框将选定的 3D 文件新建为当前文件图层。

（2）导出 3D 图层：通过"存储为"对话框将 3D 对象导出为 3D 格式的文件。

（3）从所选图层新建 3D 凸出：以所选图层为基准，创建 3D 模型。

（4）从所选路径新建 3D 凸出：以路径中的图像为基准，创建 3D 模型。

（5）从当前选区创建 3D 凸出：以选区为基准，创建 3D 模型。

（6）从图层新建网格：基于当前图层新建网格。

①明信片：将选定的二维图像转换为三维对象，如图 8-1-24 所示。

②网格预设：基于当前图像创建简单的 3D 形状，包括"圆环""立方体"和"帽子"等，如图 8-1-25、图 8-1-26 所示。

图 8-1-23　3D 菜单栏

图 8-1-24　明信片

图 8-1-25　预设圆环

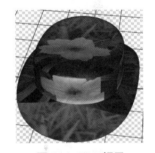

图 8-1-26　帽子

（7）添加约束的光源：对 3D 对象添加的光源效果。

（8）显示/隐藏多边形：隐藏 3D 对象中封闭的多边形未封闭对象将显示。

（9）将对象紧贴地面：执行该命令可以将 3D 对象紧贴地平面。

（10）拆分凸出：通过该命令将 3D 对象进行拆分。

（11）合并 3D 图层：合并当前 3D 图层。

（12）从图层新建拼贴绘画：将图像创建为有拼贴画效果的 3D 对象。

（13）绘画衰减：通过 3D 绘画衰减对话框定义 3D 绘画效果的衰减程度。

（14）在目标纹理上绘画：在 3D 对象的纹理上进行绘画。

（15）重新参数化 UV：对 3D 对象重新参数化后，当前应用的贴图将发生变化。

（16）创建绘图叠加：创建 3D 对象的绘图叠加方式。

（17）选择可绘画区域：将可绘画 3D 区域作为选区载入。

（18）从 3D 图层生成工作路径：基于当前创建的 3D 图像生成工作路径。

（19）使用当前画笔素描：通过该命令，可以对 3D 对象的效果使用画笔进行素描效果。

（20）渲染：通过该命令，可以对 3D 对象的渲染参数进行重新设置，改变渲染效果。

（21）获取更多内容：执行该命令，可通过 Adobe 官方网站浏览 3D 相关内容。

2．模型的调整：模型调整一般使用工具栏中的按钮（图8-1-27）。

（1）单击"旋转3D对象"图标 ，将鼠标指针移动到3D网格上，按住左键拖动，即可在三维空间里对对象进行旋转。

（2）单击"滚动3D对象"图标 ，将鼠标指针移动到3D网格上，按住左键拖动，即可调整对象角度。

（3）单击"拖动3D对象"图标 ，将鼠标指针移动到3D网格上，按住左键拖动，即可拖动对象。

（4）单击"滑动3D对象"图标 ，将鼠标指针移动到3D网格上，按住左键拖动，即可在水平方向上调整对象。

（5）单击"缩放3D对象"图标 ，将鼠标指针移动到3D网格上，按住左键拖动，即可等比例缩放对象。

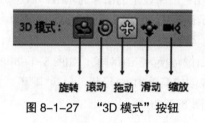

图8-1-27 "3D模式"按钮

【任务拓展】制作3D效果文字

1．打开素材文件中的"白云.jpg"图像文件，执行"编辑"—"图像大小"命令，将图像大小修改为"宽度"为20厘米，"高度"20厘米（取消约束比例）。

2．选择工具栏中"横排文字工具" ，输入"PS CS6"，选中文字修改大小、字体（微软雅黑）、加粗。

操作视频

3．执行"3D"—"从所选图层新建3D凸出"命令，创建文字3D效果，在"3D"面板中选择"Photoshop CS6"，执行"窗口"—"属性"命令，打开"属性"面板，在形状预设中选择"锥形收缩"，调整"凸出深度"值，如图8-1-28所示。

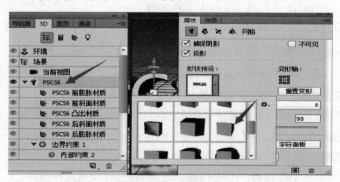

图8-1-28 文字属性

4．调整字体材质，在"3D"面板中选择"Photoshop CS6前膨胀材质"，如图8-1-29所示。在"属性"面板中选一个材质球，然后选择"Photoshop CS6凸出材质"，在"属性"面板选择一个材质球，如图 8-1-30 所示。

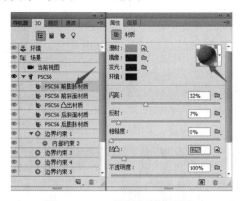

图 8-1-29　前膨胀材质设置

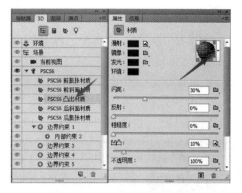

图 8-1-30　凸出材质设置

5. 单击"选择 3D 对象"按钮，在画布空白处拖拽鼠标指针，旋转对象到适当的位置，单击"光源"按钮，调整光源方向，如图 8-1-31 所示。

6. 在"图层"面板中右击文字图层，在快捷菜单中选择"栅格化 3D"选项，图层变为普通层。

7. 复制背景层，移动复制的图层到文字上方，在复制的图层上新建蒙版，用"渐变工具"在蒙版上添加黑白渐变效果，如图 8-1-32 所示。

8. 完成效果如图 8-1-33 所示，保存文件。

图 8-1-31　调整视角

图 8-1-32　添加渐变蒙版

图 8-1-33　最终效果

任务 2　弯曲立体字设计

【任务分析】

本任务是通过 Photoshop CS6 中的 3D 自带工具，通过修改网格、变形、盖子、坐标来完成字体变形，修改材质和灯光产生相应的效果。

【任务步骤】

1. 创建一个新文件,"大小"为1400像素×800像素,"颜色模式"为RGB颜色,然后设置淡蓝色背景。
操作视频

2. 创建新图层,使用白色柔和的笔刷工具在画布中心点上白点,将该图层模式改为"柔光"。

3. 利用"文字工具"在画布上输入"Flower World",文字颜色为淡粉色(#fddac7),使用"自由变换工具"(快捷键"Ctrl+T")改变文字大小到合适为止,如图8-2-1所示。

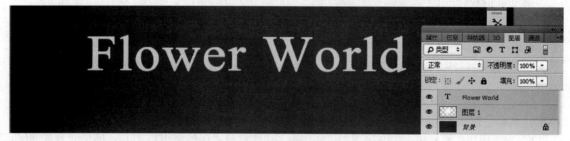

图 8-2-1 输入文字

4. 选择文字层,执行"3D"—"从所选图层新建3D凸出"命令,在"3D"面板中选择"Flower World",在"属性"面板中"网格"的"凸出深度"为1650,如图8-2-2、图8-2-3所示。

图 8-2-2 "3D"面板

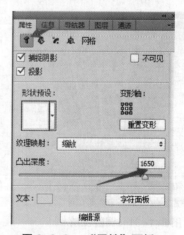

图 8-2-3 "属性"面板

5. 在"属性"面板中的"变形"中输入"锥度"104%,"水平角度"-102°,如图8-2-4所示。"盖子"选项卡中参数如图8-2-5所示。"坐标"选项卡中参数如图8-2-6所示。

6. 选择模型所有材质,在"属性"面板中修改颜色和参数,如图8-2-7所示。

7. 调整文字显示角度和位置,调整灯光角度达到一个合适的视角,如图8-2-8所示。

8. 在"图层"面板中,右击模型图层选择"转换为智能对象"选项。按"Ctrl+T"键打开自由变换功能,调整图像到适当的角度,如图8-2-9所示。

9. 为文字层添加曲线和色阶调整层,修改参数适当调整明度。

10. 打开素材文件夹中的"鲜花.jpg"图像文件,拖拽"鲜花.jpg"图像文件到新文件中,调整到文字下方,调整大小和角度,如图8-2-10所示,保存文件。

图 8-2-4 属性中"变形"

图 8-2-5 属性中"盖子"

图 8-2-6 属性中"坐标"

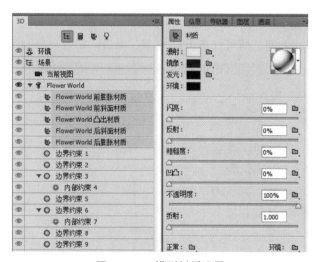
图 8-2-7 模型材质设置

图 8-2-8 调整视角

图 8-2-9 转换为智能对象

图 8-2-10 最终效果

【知识要点】

1. 3D "场景"面板

在"3D"面板中单击按钮，即可打开 3D "场景"面板，如图 8-2-11 所示。

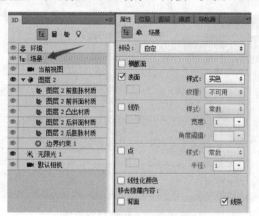

图 8-2-11 "场景"面板和属性

（1）预设：通过下拉列表可进行自定义渲染设置。其中为用户提供了多种预设效果，选择选项即可应用相应的预设，如图 8-2-12 至图 8-2-16 所示。

（2）横截面：通过将 3D 模型与一个不可见的平面相交从而形成该模型的横截面。勾选该复选框激活下方的灰色面板，可对位移、倾斜等进行设置，此时看到的是 3D 对象的横截面效果，如图 8-2-17 所示。

图 8-2-12 默认预设　　　图 8-2-13 深度映射　　　图 8-2-14 实色线框

图 8-2-15　正常　　　　图 8-2-16　双色　　　　图 8-2-17　"横截面"属性

（3）表面：勾选该复选框则激活该选项面板，可以对 3D 对象的表面样式和纹理进行设置，此时看到 3D 对象的面状效果，如图 8-2-18 所示。

（4）线条：勾选该复选框则激活该选项面板，可以对 3D 对象的边缘样式、宽度和角度阈值进行设置，此时看到 3D 对象的线状效果。

（5）点：勾选该复选框激活该选项面板，可以对 3D 对象的样式和半径进行设置，此时看到对象的面状效果。

（6）线性化颜色：勾选该复选框则激活该选项。

（7）移去隐藏内容：创建新光源或删除当前选定的光源。

2．3D"网格属性"面板

在"3D"面板中单击 按钮，即可打开 3D"网格属性"面板，如图 8-2-19 所示。

图 8-2-18　"表面"属性　　　　　　　图 8-2-19　网格面板与属性

（1）捕捉阴影：可在"光线跟踪"渲染模式下控制选定的网格是否在其表面显示来自其他各网格的阴影。

（2）投影：可控制选定网格是否在其他网格产生投影。

（3）不可见：勾选后可隐藏网格，但会显示其表面的所有阴影。

3．3D"材质属性"面板

在"3D"面板中单击 按钮，即可打开 3D"材质属性"面板，如图 8-2-20 所示。

（1）漫射：用于设置材质的颜色，单击色块可选择赋予 3D 对象材质的颜色，单击其后的按钮，弹出的菜单中包括"新建""载入纹理"的相关命令，使用 2D 图像覆盖 3D 对象表面，赋予其材质。

（2）环境：单击色块即可设置环境颜色，此时设置的颜色是用于存储 3D 对象周围的环境图像的。

（3）折射：定义颜色折射的强度，用于设置折射率，当表面样式设置为"光线跟踪"时，折射数值框中的默认值为 1。

4．3D"光源属性"面板

在"3D"面板中单击 按钮，即可打开 3D"光源属性"面板，如图 8-2-21、图 8-2-22 所示。

项目 8　3D 图像设计

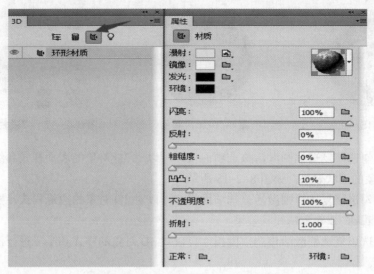

图 8-2-20 "材质"面板与属性

图 8-2-21 "光源"面板与属性

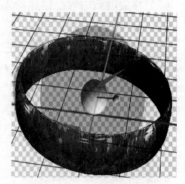

图 8-2-22 "无限光"示意图

(1)预设：通过 Photoshop CS6 下拉菜单选择预设灯光，同时可以创建一个灯光。

(2)灯光类型：定义新建灯光的类型。

(3)颜色/强度：定义当前灯光的强度和光源颜色。

(4)阴影：勾选该复选框即可对阴影的边缘进行设置，用户可以通过拖动滑块或在柔和度旁选框输入数值进行设置，以百分比定义灯光柔和的程度。

【任务拓展】制作立体宇宙爆炸效果

1. 新建一个文件，"大小"为 778 像素 ×1088 像素，"分辨率"为 72，"颜色模式"为 RGB 颜色，将"宇宙"素材直接拖拽到新文件中，形成一个新的图层，按"Ctrl+T"键打开自由变换，调整图像大小与画布一致。

操作视频

2. 将图像图层再复制一层，选择"图层副本"，执行"3D"—"从图层新建网格"—"深度映射到"—"平面"命令，如图 8-2-23 所示。

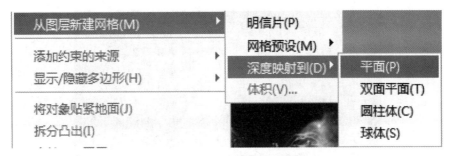

图 8-2-23 创建深度映射

3．此时根据明度的不同，形成一个凹凸的立体模型。点击 修改视角，将模型在整个场景中显示，如图 8-2-24 所示。

4．选择"3D"面板中的"场景"，在"属性"面板中的"表面"样式中选择"未照亮的纹理"选项，如图 8-2-25 所示。在"图层"面板中右击 3D 模型图层，选择"转化为智能对象"选项，如图 8-2-26 所示。

5．用"多边形套索工具"将图像选择一半，添加黑白调整层，如图 8-2-27 所示，调整参数观察效果。

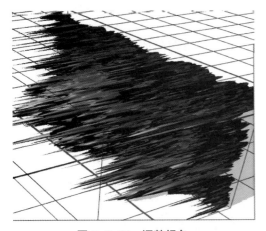

图 8-2-24 调整视角

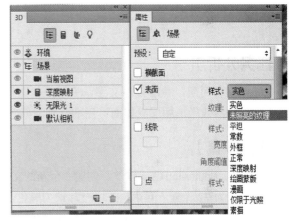

图 8-2-25 设置未照亮的纹理

图 8-2-26 未照亮的纹理效果

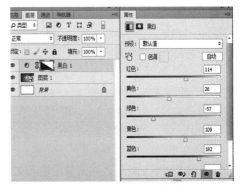

图 8-2-27 添加黑白调整层

6．输入文字，调整文字位置和大小，完成作品制作，如图 8-2-28 所示。

图 8-2-28 成品效果

任务 3　制作多层次的金色立体字

【任务分析】

立体字有两层，一层是原文字，一层是描边层。制作的时候先给整体渲染立体面，然后修改其中的一些参数做出两层立体面；后期分别渲染颜色，添加纹理及调整好透视即可。

【任务步骤】

1. 启动 Photoshop CS6 软件，创建一个新的文档，"宽度"为 1200 像素，"高度"为 800 像素，"分辨率"为 72 像素 / 英寸，并填充背景为黑色，如图 8-3-1 所示。

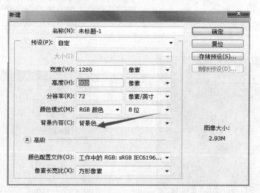

图 8-3-1　新建文件

操作视频

2. 使用"文字工具"，在图像中输入文字"super star"，利用"窗口"菜单下的"字符"对话框，如图 8-3-2 所示，修改文字的大小、间距和字体等信息，字体大小根据画布自定，字间距大一点。

3. 确定好文本，选择文本图层右击转换为形状，将文本层转换成一个形状层，拖拽形状层到"新建图层"按钮上，复制文本形状图层，如图 8-3-3 所示。

4. 选择形状副本层，用"直接选择工具" 选项栏的形状设置，在工具栏中填充改变成没有填充，描边颜色为灰色，描边大小为 10，对齐到外面，如图 8-3-4 所示。

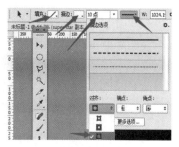

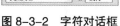

图 8-3-2　字符对话框　　　　图 8-3-3　图层布局　　　　图 8-3-4　形状工具栏

5. 分别选择每个文本形状图层，然后执行"3D"—"从所选路径创建 3D 凸出"命令，将形状层转化为 3D 层，如图 8-3-5 所示。

6. 复制背景层并拖动到所有层上，然后执行"3D"—"从图层新建网格层"—"明信片"命令，如图 8-3-6 所示。

7. 选择所有的 3D 层（选择除背景层的所有图层），执行"3D"—"合并 3D 层"命令，把所有 3D 层放在一个场景，如图 8-3-7 所示。

图 8-3-5　创建路径 3D 凸出

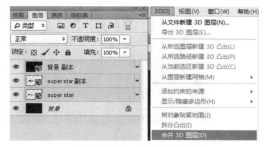

图 8-3-6　创建 3D 明信片　　　　　　　图 8-3-7　合并 3D 图层

8. 执行"窗口"—"属性"命令，打开"3D"面板和"属性"面板。在"3D"面板选择文本形状网格名称标签（选择一个然后按"Ctrl+"键选择其他），在"属性"面板中的网格中"凸出深度"变挤压深度值。在"属性"面板单击顶部的盖子图标，并改变斜面宽度和等高线，如图 8-3-8 所示。

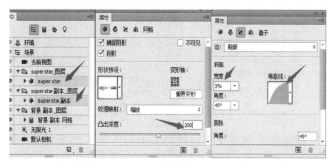

图 8-3-8　设置网格和盖子属性

9. 在"3D"面板选择所有组件，在"属性"面板单击坐标图标，改变 X 旋转角为 90°，垂直于地平面，如图 8-3-9 所示。

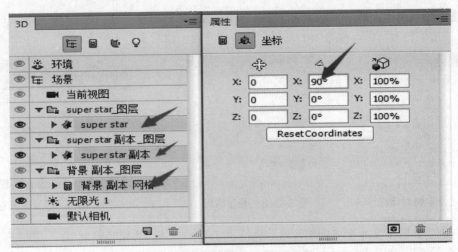

图 8-3-9 场景选择与坐标属性

10. 单击"3D"工具栏中的"3D 旋转对象"按钮,在画布空白处,拖拽鼠标指针将视图调整到一个角度,方便观察文字,如图 8-3-10 所示。

图 8-3-10 调整视角

11. 选择文本图层标签,在坐标属性里修改 Y 轴坐标,如图 8-3-11 所示。

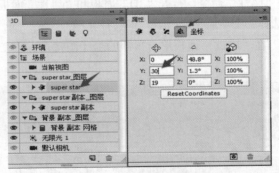

图 8-3-11 组件选择与坐标修改

12. 在 3D "网格"面板选择所有文本材质标签的组件除了凸出材质,按"Ctrl +"键单击选项卡选择。然后,在"属性"面板中,单击"漫射纹理"图标并选择"移除纹理"选项,如图 8-3-12 所示。

13. 创建一个闪亮的黄金材料。改变"漫射"颜色 RGB（190,162,17）,"镜像"颜色 RGB（187,176,140）,"闪亮"55%,"反射"35%,"折射"1.35,如图 8-3-13 所示。

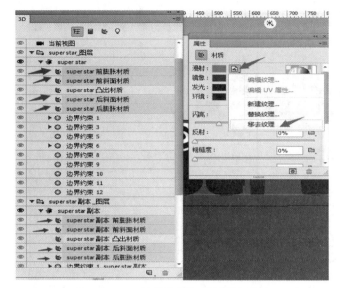
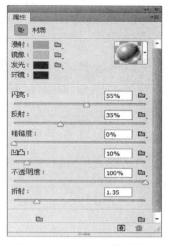

图 8-3-12 组件选择与"材质"属性　　　　图 8-3-13 "材质"参数

14. 创建玻璃材料。选择文本内部"凸出材质"标签,删除"漫反射纹理"(操作见步骤 13),然后改变"漫射"颜色 RGB(108,30,152),"镜像"颜色 RGB(227,255,215),"环境"RGB (77,25,114),"闪亮"75%,"反射"25%,"不透明度"为 30%,"折射"1.1,如图 8-3-14 所示。

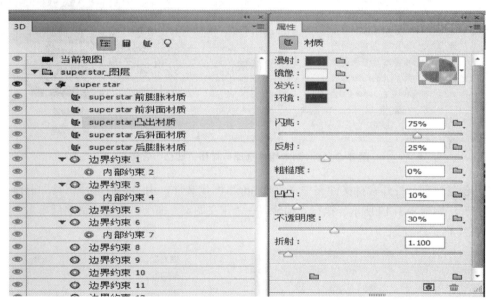

图 8-3-14 组件选择与"材质"设置

15. 选择文本副本"凸出材质"标签,删除"漫反射纹理",然后改变"漫射"颜色 RGB(75, 34,98),"镜像"RGB(167,161,136),"闪亮"75%,"反射"25%,"折射"1.3,如图 8-3-15 所示。

16. 单击凹凸文件夹图标并选择"新建纹理",如图 8-3-16 所示。在弹出的"新建文件"对话框中,输入大小可任意(可根据纹理文件大小确定,如 349×264),背景为白色,后单击"确定"按钮。

项目 8　3D 图像设计　｜221｜

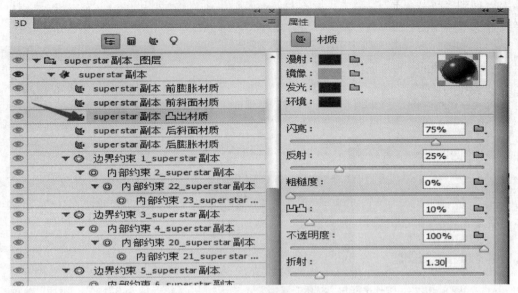

图 8-3-15　组件选择与"材质"设置

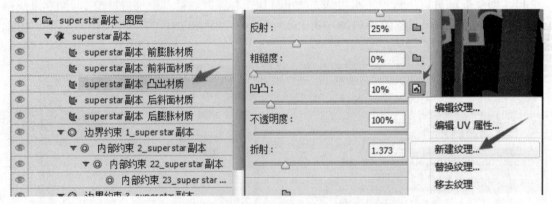

图 8-3-16　副本组件选择与材质"凹凸"设置

17. 创建纹理,打开素材文件夹中"纹理.jpg"图像文件,用"矩形选择工具"选择"全部纹理图像",如图 8-3-17 所示。执行"编辑"—"定义图案"命令,为图案命名后单击"确定"按钮,如图 8-3-18 所示。

图 8-3-17　选择"全部纹理图像"

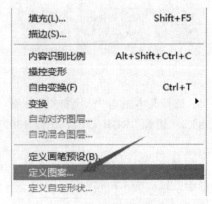

图 8-3-18　定义图案

18. 回到"凸出材质"文件中（步骤15），复制背景图层，为图层设置"图案叠加"样式，在图案中选择刚刚创建的图案，修改缩放使图案显示清楚合理，如图 8-3-19 所示。

19. 回到原任务文件，如图 8-3-20 所示，选择文字副本"凸出材质"选项，在"属性"面板中单击凸出选项的文件夹图标，选择"编辑 UV 属性"选项，如图 8-3-21 所示。

20. 调整 UV 坐标和缩放比例，直至纹理清晰为止，为了方便观察可用放大观察视角，如图 8-3-22 所示。

图 8-3-19　纹理文件图层和图层样式

图 8-3-20　原文件与材质纹理文件标识

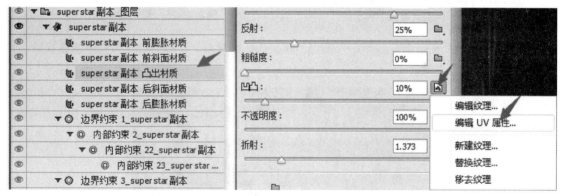

图 8-3-21　组件选择与"凹凸"菜单

图 8-3-22　编辑纹理

21. 在"3D"面板中选择"背景副本材质"，在材质属性中从系统材质库中选一材质球，如

图 8-3-23 所示。

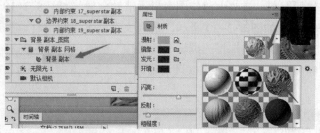

图 8-3-23 组件选择与材质库

22. 在工具箱上选择"移动工具",调整背景副本网格缩放,使其铺满整个画布,旋转其方向使其与文字基本垂直,如图 8-3-24 所示。

23. 在"3D"面板中选择光源 ,调整默认"无限光 1"的光照角度。新建一"聚光灯",修改聚光灯参数,如图 8-3-25 所示。

图 8-3-24 调整背景大小和视角

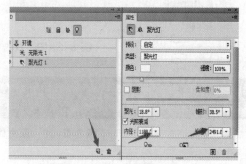

图 8-3-25 聚光灯设置

24. 在"图层"面板中右击"3D"图层"转换为智能对象",添加曲线和色阶调整效果,如图 8-3-26 所示,保存文件。

图 8-3-26 最终效果图

【相关知识】

1. 3D 材质拖放工具

材质拖放工具可以对 3D 文字和 3D 模型填充纹理效果。

(1) 在工具箱中的"填充工具"中有"3D 材质拖放工具",如图 8-3-27 所示。

(2) 在 Photoshop CS6 属性栏中选择材质,如选择"木灰"材质,如图 8-3-28 所示。

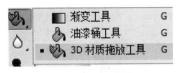

图 8-3-27 "填充工具"

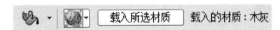

图 8-3-28 "填充工具"属性栏

（3）在 Photoshop CS6 图像中选择需要修改材质的地方单击，将选择的材质应用到当前选择区域中。

2．3D 材质吸管工具

"3D 材质吸管工具"是 Photoshop CS6 中文版新增，可以吸取 3D 材质纹理以及查看和编辑 3D 材质纹理。用"3D 材质吸管工具"右击吸入点可以打开"材质"属性面板修改材质，如图 8-3-29、图 8-3-30 所示。

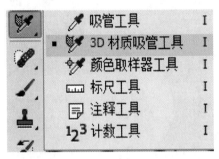

图 8-3-29 "3D 材质吸管工具"

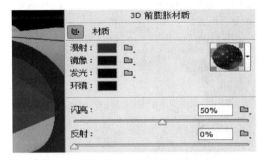

图 8-3-30 修改材质

【任务拓展】3D 蓝橙旋涡海报制作

1．新建一个"大小"为 600 像素×800 像素、"背景内容"为黑色、"颜色模式"为 RGB 颜色的文件。

2．将素材文件夹中的"宇宙.jpg"图像文件拖拽到文件中，形成一个新的"图层 1"，然后复制"图层 1"。

操作视频

3．在"图层"面板选中"图层 1 副本"，执行"滤镜"—"扭曲"—"旋转扭曲"命令，调解"旋转扭曲"参数后确定，如图 8-3-31 所示。然后执行"3D"—"从图层新建网格"—"深度映射到"—"平面"命令，如图 8-3-32 所示。

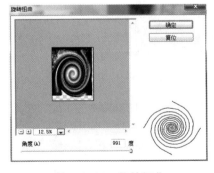

图 8-3-31 旋转扭曲

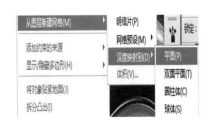

图 8-3-32 创建深度映射

4. 在"3D"面板中选择"场景",在"属性"面板中的"表面"选择"未照亮的纹理"选项,如图8-3-33所示。调整画面角度,如图8-3-34所示。

5. 将3D图层右击"转换为智能对象",选中原图像的"图层1",执行"滤镜"—"模糊"—"径向模糊"命令,调整参数,如图8-3-35所示。

图 8-3-33 设置"未照亮的纹理"

6. 选择"图层1"和"图层1副本",按"Ctrl+T"键改变图像大小,如图8-3-36所示。

7. 使用工具箱中的"矩形工具" ▬ ,在图像边缘画出一个矩形形状,修改形状的参数,如图8-3-37所示。

8. 输入文字,最终效果图如图8-3-38所示,保存文件。

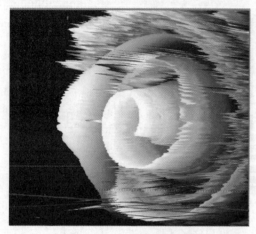

图 8-3-34 调整画面角度

图 8-3-35 径向模糊设置效果

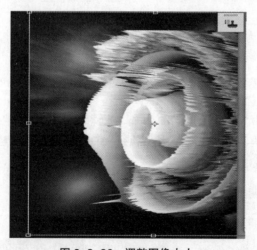

图 8-3-36 调整图像大小

图 8-3-37 形状工具栏设置

图 8-3-38 最终效果

项目评价

本项目主要介绍 Photoshop 3D 功能的使用，你能使用 Photoshop 中的 3D 功能创建 3D 组件，修改组件材质、预设环境效果、掌握灯光的使用吗？完成本项目任务后，你有何收获，为自己做个评价吧！

分类 \ 评价	很满意	满意	还可以	不满意
任务完成情况				
与同组成员沟通及协调情况				
知识掌握情况				
体会与经验				

巩固与提高

【知识巩固】

简答题

（1）Photoshop CS6 中创建 3D 组件的方式有几种？

（2）Photoshop 中 3D 模式的图层转换为普通图层的方法是什么？

【技能提高】

1. 请用 Photoshop 3D 功能制作如图 8-4-1 所示效果。

提示：用"钢笔工具"制作每一个字母，凸出材质采用纹理设置。

2. 制作如图 8-4-2 所示效果。

图 8-4-1　案例效果　　　　　　　　　　　　图 8-4-2　效果图

提示：在新图层中绘出条状图案（不同的图案最后效果不同，如横排、纵排、斜排等），如图 8-4-3 所示。在 3D 菜单中从图层网格新球体，如图 8-4-4 所示。将球体表面设置为"未照亮的纹理"，调整视角，如图 8-4-5 所示。将组键栅格化图层，然后将图层复制一份，删除两个图层的白色部分，将"图层 1"旋转 180°，透明度变为 50%，调整亮度对比度效果即可完成。图层关系如图 8-4-6 所示。

图 8-4-3　制作线条图案　　　图 8-4-4　创建 3D 球体　　　图 8-4-5　调整视角

图 8-4-6　图层关系

项目 9 应用综合实例

任务 1 设计唇膏广告

【任务分析】

本广告是一支唇膏的广告设计，通过唇膏的绘制巩固前面学习的知识，结合文字、素材图像的处理，达到广告的宣传效果。

【任务步骤】

1. 新建一个文件，命名为"唇膏"，"大小"为 15 厘米 ×15 厘米，"分辨率"为 90 像素/英寸，"颜色模式"为 RGB 颜色，背景色为淡紫色。

2. 用"矩形工具"绘制矩形路径，用"直接选择工具"将上边调整成弧形，在"路径"面板下将路径转换成选区；新建"图层 1"，选择"渐变工具"在"渐变编辑器"中编辑"黑—白—灰"渐变色，用线性渐变的方式填充渐变色，如图 9-1-1 所示。

3. 取消选区，给图像做"斜面和浮雕"效果，如图 9-1-2 所示。

4. 复制该图像，将其放在前一个图像的下面，调整大小，如图 9-1-3 所示。

5. 选择第一个图像，执行"选择"—"载入选区"命令，再执行"选择"—"变换选区"命令，或使用"椭圆选框工具"，从选区中减去，将选区调整成如图 9-1-4 所示的效果。

图 9-1-1 渐变填充

图 9-1-2 "斜面和浮雕"效果

图 9-1-3 复制图像

图 9-1-4 载入选区

6. 按"Ctrl+C"键复制，按"Ctrl+V"键粘贴，复制两个，得到如图 9-1-5 所示的效果。

7. 新建"图层 3"，用"矩形、椭圆选框工具"绘制矩形、加选椭圆选区，选择"渐变工具"编辑"白—黑—白"渐变色，用线性渐变的方法填充渐变，如图 9-1-6 所示。给图形做"斜面和浮雕"效果，如图 9-1-7 所示。

8. 用"矩形工具"绘制矩形路径，用"直接选择工具"和"转换点工具"将其调整成唇膏状，在"路径"面板下将其转换为选区，新建"图层 4"，填充红色渐变，并把图层调至最底层，如图 9-1-8 所示。

图 9-1-5　复制　　　图 9-1-6　矩形渐变填充　　　图 9-1-7　"斜面和浮雕"效果　　　图 9-1-8　绘制唇膏形状

9. 创建唇膏顶端的圆形选区，填充红色渐变，如图 9-1-9 所示。选择外壳的最下面一层图形（即图层 3），执行"图像"—"调整"—"色相饱和度"命令，如图 9-1-10 所示，将颜色调整成如图 9-1-11 所示的效果。

图 9-1-9　圆形顶端　　　图 9-1-10　调整"色相 / 饱和度"　　　图 9-1-11　调整"色相 / 饱和度"后的效果

10. 新建文件，命名为"唇膏广告"，"大小"为 19 厘米 ×25 厘米（常规海报尺寸），"分辨率"为 90 像素 / 英寸，"颜色模式"为 RGB 颜色，背景为白色。

11. 打开素材文件夹中的"玫瑰底图 .jpg"图像文件，拖拽入新文件，并调整好位置和大小。

12. 打开素材文件夹中的"美女 .jpg"图像文件，将其移动到新文件中，调整好位置和大小，执行"编辑"—"变换"—"水平翻转"命令，如图 9-1-12 所示。

13. 按"Ctrl++"键，放大图像，用"磁性套索工具"仔细抠选出嘴唇的选区，按"Ctrl+C"键复制嘴唇，按"Ctrl+V"键粘贴，将自动生成嘴唇图层，如图 9-1-13 所示。执行"图像"—"变换"—"色相/饱和度"命令,将嘴唇颜色调红一些,如图9-1-14所示。

图9-1-12 调入素材调位置

图9-1-13 选嘴唇复制

图9-1-14 调整"色相/饱和度"

14. 在"图层"面板中将嘴唇图层的混合模式设置为"正片叠底",得到如图9-1-15所示的嘴唇颜色。

15. 选择人像层,在"图层"面板下单击"添加图层蒙版"图标。用"渐变工具"在"渐变编辑器"中选择"前景到透明"渐变色,在人像的下部和右边拖拽鼠标,给人像做蒙版效果,如图9-1-16所示。

16. 用"移动工具"将做好的唇膏拖到画面中,如图9-1-17所示。

图9-1-15 "正片叠底"后效果

图9-1-16 "蒙版"效果

图9-1-17 移入唇膏

17. 复制唇膏,按"Ctrl+T"键,分别将复制的唇膏调整大小、方向和位置,再为唇膏做"外发光"效果,如图9-1-18所示。

18. 新建图层,用"钢笔工具"绘制一条曲线路径,如图9-1-19所示,设置前景色为白色,在"路径"面板下单击"用画笔描边路径"图标,得到白色的曲线,并复制白色曲线两条,执行"编辑"—"变换"—"扭曲"命令,分别调整形状,如图9-1-20所示。

19. 适当调整人物位置,并用"直排文字工具"输入左下和右上角文字,达到如图9-1-21所示的效果。

20. 在"图层"面板下给文字做"投影"及"斜面和浮雕"效果,如图9-1-22所示。

21. 按"Ctrl+S"键保存到合适位置。

图 9-1-18　复制唇膏　　　　图 9-1-19　绘制曲线路径　　　　图 9-1-20　画笔描边路径

图 9-1-21　输入文字　　　　图 9-1-22　给文字做"投影"及"斜面和浮雕"效果

【相关知识】

1. 什么是广告设计？

广告从形式上说，是传递信息的一种方式，是广告主与受众间的媒介，其结果是为了达到一定的商业或政治目的。广告作为现代人类生活的一种特殊产物，仁者见仁，智者见智，褒贬不一。日常生活中随处能看到广告信息：翻开报纸、打开电视、网上冲浪……可以说广告已经渗透我们生活的方方面面。

如今广告在理论与实际运作方面已形成一套完整体系，在经济和政治生活中扮演着重要的角色。面对众多的广告形式，作为一个从事平面设计的专业人员应该对广告从整体上有一个基本的认识，从而把握不同广告形式的特征，更好地发挥优势。

从整体上看，广告可以分为媒体广告和非媒体广告。媒体广告是指通过媒体来传播信息的广告，如电视、报纸、广播和杂志广告等；非媒体广告是一种直接面对受众的广告媒介形式，如路牌、平面招贴、商业环境中的购买点广告等。

我们在这个项目中主要讲述平面广告设计。平面广告设计在非媒体广告中占有重要的位置，也是学习平面设计必须要掌握的一门课程。广告设计是一种时尚艺术，其作品要能体现时代的潮流，设计者应该保持职业的敏感度，在不同的艺术形式中汲取营养，创作出既符合大众审美又符合时代潮流的作品。

平面广告创作包括两个方面，即创意与表现。创意指思维能力，表现指造型能力。没有造型能力，即使想法再好也不可能把它表现出来；如果没有创造力和审美意识，也就不会表现出广告的目的。广告最基本的功能就是传递信息，这个信息如何传递，体现的就是创造思维能力。现代的广告已不仅是简单的告知功能，独到的创意思维，是一则广告成功的关键。因此，二者既有不同，又相互统一，这两方面能力的培养具有很强的专业性。

2．平面广告设计要求

平面广告的好坏除了灵感之外，更重要的是能否准确地将广告主的诉求点表达出来，是否符合商业的需要。优秀的平面广告作品，应该是点线面和谐的组合，不失大体，也不另类。广告设计是一门综合性很强的专业，需要具备一定的审美能力、创新能力和沟通能力。

3．就业

可在各类公司做广告设计、平面设计、网面设计及图像处理。

4．平面广告设计的基本流程

设计准备→设计创意→设计表现→设计编排→审查定稿。

任务 2　制作清新海报

【任务分析】

本任务为制作招贴海报设计，海报为需印刷产品，分辨率要求较高，而且招贴产品一般设计尺寸都有常规规定。本招贴海报任务，主要通过一些文字效果和颜色填充渲染等，并借助于一些图层效果达到整体海报设计主题和理念。

【任务步骤】

1．新建一个文件，命名为"空调清新海报"，"大小"为 50 厘米 ×70 厘米，"分辨率"为 150 像素 / 英寸，"颜色模式"为 CMYK（300 像素和 CMYK 模式都是用于印刷的标准，为了方便文件大小稍小些，把像素设为 150），背景为白色。

操作视频

2．设置前景色为淡青色，按"Alt+Delete"键填充背景为淡青色，如图 9-2-1 所示。

3．新建"图层 1"，建立正圆选区，使用渐变，完成如图 9-2-2 所示效果。

4．打开"云朵"素材，使用"魔棒工具"，从素材中把云朵取出按"Ctrl+T"键调整大小和位置，换色，两个云朵层颜色进行区分，形成渐变效果，达到如图 9-2-3 所示效果。

5．在"图层"面板上，把背景层建组，选中所有图层，按"Ctrl+G"键建组，方便控制，如图 9-2-4 所示。

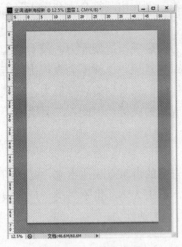 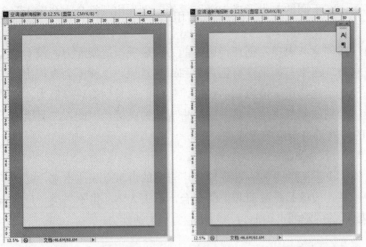 

图 9-2-1　填充背景　　　　图 9-2-2　填充渐变中心　　　　图 9-2-3　放入素材"云朵"

6. 打开"空调"素材，使用"魔棒工具"或"钢笔工具"，从空调抠出，并按"Ctrl+T"键调整大小和位置，达到如图 9-2-5 所示效果。

7. 新建图层，使用"画笔工具"，沿着空调左方和下方，绘制蓝色阴影效果，并设置图层透明度。把空调和阴影图层进行图层链接，方便移动和调整，如图 9-2-6 所示。

8. 打开"风效"素材，使用"移动工具"，用鼠标拖拽过来，

图 9-2-4　图层建组"背景"

按"Ctrl+T"键调整大小和位置，并复制图层，调整图层位置，达到如图 9-2-7 所示效果。

图 9-2-5　调入素材"空调"　　图 9-2-6　绘制蓝色阴影　　图 9-2-7　调入素材"风效"

9. 新建图层，使用选区或图形工具，完成如图 9-2-8 所示装饰图的绘制，并达到装饰效果。

10. 复制"装饰"图层，执行"编辑"—"变换"—"水平翻转"命令，并按"Ctrl+T"键调整位置和大小，达到如图 9-2-9 所示效果。

11. 选中"空调""投影""风效""装饰"等图层，并按"Ctrl+G"键进行建组，方便控制，如图 9-2-10 所示。

12. 使用"横排文字工具"，输入文字"清凉夏日"，字体为"方正平和简体"，大小为450点，进行加"描边""颜色叠加""渐变叠加"和"外发光"等的图层效果，图层样式参数如图 9-2-11 所示，效果如图 9-2-12 所示。

图 9-2-8　装饰效果　　　　　　　　　　图 9-2-9　再次装饰

图 9-2-10　图层建组"产品"　　　　　图 9-2-11　文字图层样式设置

13. 对"清凉夏日"图层进行栅格化，转换为普通图层，并复制图层，删除图层副本中的颜色叠加和渐变叠加效果。然后将其图层位置下移一层，并适当调整位置，达到如图 9-2-13 所示效果。

14. 使用"形状图层"，绘制如图 9-2-14 所示圆角矩形，并做如前面文字"渐变叠加"效果。

15. 再次使用"形状图层"做"描边"效果，达到如图 9-2-15 所示效果。

16. 使用"横排文字工具"，完成如图 9-2-16 所示文字，并对文字"夏季感恩大回馈"做投影效果。

17. 使用"文字工具"和"形状工具"完成如图 9-2-17 所示效果。

18. 同时把所有文字图层进行建组，命名为"文字"，方便控制，如图 9-2-18 所示。

19. 按"Ctrl+S"键保存到合适位置。

图 9-2-12　文字效果

图 9-2-13　渐变叠加效果

图 9-2-14　绘制圆角矩形

图 9-2-15　描边圆角矩形

图 9-2-16　输入文字

图 9-2-17　添加文字形状

图 9-2-18　图层建组"文字"

【相关知识】

海报是在一定范围内向公众报道或介绍有关戏剧、电影、比赛、报告会、展销等消息的一种招贴式应用文。

海报具有张贴性、宣传性和灵活性的特点。

海报在某些方面与广告有相似之处，又像是电影、戏剧等宣传画，现在的海报越来越注重美观艺术。

海报的特点重在告知和宣传，广告除了宣传外，目的重在营销。

虽然二者都很注重创意和设计，但海报较广告更随意。海报可以是设计精美的艺术宣传招贴，还可以写在大小不等的纸上张贴，既可以用质量不错的展板设计制作，也可以用黑板写清楚告知的内容。重要的海报需要通过报刊、电台、电视台等媒体进行宣传。有一点特别要注意，那就是海报制作必须醒目。

根据内容的不同，海报大致可以分为以下几类。

1．文艺类海报

这类海报主要是指告知电影、戏剧、文艺演出和大型公众综艺活动的信息海报。

2．体育类海报

这类海报主要是指介绍体育赛事和活动的海报。

3．报告类海报

这类海报主要是指告知举办各种讲座，学术报告、英模报告，政治形势、国际形势报告等内容的海报。

4．展销类海报

这类海报主要是指告知各种展览活动的海报，比如商品展销、科普展览等。

一般的海报尺寸都是正4开（540 cm×390 cm）。如果是印刷，分辨率最好达到300 dpi。一般的标准：A3（适用于作业或者打印）。如果是商用，则标准尺寸一般为：13 cm×18 cm、19 cm×25 cm、30 cm×42 cm、42 cm×57 cm、50 cm×70 cm、60 cm×90 cm、70 cm×100 cm。常见的尺寸是42 cm×57 cm、 50 cm×70 cm，特别常见的是50 cm×70 cm。

任务3　设计包装手提袋

【任务分析】

本任务分为两部分完成，一部分为制作手提袋的平面图任务，另一部分为设计手提袋的效果图。主要用到了文字各种字体、图层样式特效，并图像的编辑、扭曲等完成手提袋平面及立体图的制作。

【任务步骤】

一、手提袋平面图

操作视频

1. 新建一个文件，命名为"手提袋"，"大小"为24厘米×29厘米（设计正3开手提袋），"分辨率"为150像素/英寸，"颜色模式"为CMYK（300像素和CMYK模式都是用于印刷的标准，为了方便文件大小稍小些，把像素建成150），背景为白色。
2. 新建"图层1"，设置前景色为淡粉色，按"Alt+Delete"键填充背景为淡粉色，如图9-3-1所示。
3. 新建"图层2"，用"油漆桶工具"填充图案为牛皮纸图案，如图9-3-2所示。
4. 更改"图层2"名称为"牛皮纸"，并更改图层模式为"柔光"，效果如图9-3-3所示。
5. 使用"矩形工具"设置直线描边18点，深红色，绘制效果如图9-3-4所示。

图9-3-1　填充背景

图9-3-2　填充牛皮纸图案

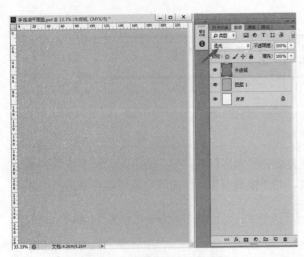

图9-3-3　图层模式"柔光"

图9-3-4　描边深红色

6. 同样使用"矩形工具"设置虚线描边 8 点,深红色,绘制效果如图 9-3-5 所示。

7. 使用"横排文字工具" 设置如图 9-3-6 的参数(字体如没有请安装方正字库),达到如图 9-3-7 所示效果。

8. 同样使用"椭圆工具"设置填充深红色,绘制正圆,并另外再复制 3 个,顶端对齐,水平平均分布,效果如图 9-3-8 所示。

图 9-3-5 虚线描边

图 9-3-6 "横排文字工具"设置

图 9-3-7 输入文字

图 9-3-8 绘制圆形

9. 使用"横排文字工具" 设置宋体,40 点,白色,输入文字"营养美味",并调整位置和大小,达到如图 9-3-9 所示效果。

10. 同样使用"圆角矩形工具"设置填充深红色,圆角半径为 30 像素,在顶端中部绘制圆角矩形,并输入文字"阳澄湖",效果如图 9-3-10 所示。

11. 继续使用"横排文字工具" 设置宋体,20 点,深红色,完成文字"清水蟹肉质鲜美,含有丰富的蛋白质、较少的脂肪和碳水化合物及丰富的钙、磷、钾、钠、镁、硒等微量元素,蟹黄中的胆固醇含量较高，是餐桌上深受人们喜爱的一种滋味鲜美的水产佳肴。"的输入，并添加括号效果，调整位置和大小，达到如图9-3-11所示效果。

12. 调入"大闸蟹"素材，用"椭圆选框工具"设置"羽化"值为25像素，抠图，调入，并调整位置和大小，效果如图9-3-12所示。

图9-3-9　输入文字"营养美味"

图9-3-10　绘制圆角矩形并输入文字"阳澄湖"

图9-3-11　输入文字

图9-3-12　正面图效果

13. 此时，手提袋的正面就完成了，除背景外的全部图层按"Ctrl+G"建组，命名为"正面图"。

14. 隐藏图层组"正面图"，执行"视图"—"新建参考线"命令，在16厘米处建立垂直参考线。

15. 新建背景图层，完成绘制矩选区，并填充同色调的深红，如图9-3-13所示。

16. 输入竖排文字"美味大闸蟹"，并打开"二维码"素材调入，按"Ctrl+T"键，调整到合适大小和位置，如图9-3-14所示。

17. 把侧面图层按"Ctrl+G"键建组，命名为"侧面图"。

18. 按"Ctrl+S"键保存到合适的位置。

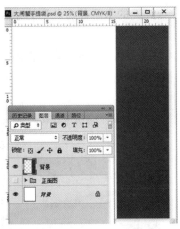
图 9-3-13　图层组合并绘制矩形

图 9-3-14　侧面图效果

二、手提袋立体图

操作视频

1. 新建一个文件，设置"大小"为 15 厘米 ×15 厘米，"分辨率"为 72 像素 / 英寸，"颜色模式"为 RGB 颜色，"背景内容"为白色。

2. 打开"大闸蟹手提袋正面效果图"，用鼠标拖拽到新建的文件中，调整好大小和位置，然后执行"编辑"—"变换"—"透视"命令，将矩形变换成如图 9-3-15 所示的效果，作为袋子的一个面。

3. 打开"大闸蟹手提袋侧面效果图"，把侧面图拉框选择用鼠标拖拽到新建的文件中，调整好大小和位置，然后用"多边形套索工具"创建袋子的左侧面形状，如图 9-3-16 所示。再执行"编辑"—"变换"—"扭曲"命令，将矩形变换成如图 9-3-17 所示的效果，作为袋子的一个面。

4. 新建图层，选择"椭圆选框工具"，按"Shift"键的同时拖拽鼠标绘制正圆选区，填充深红色，按"Ctrl+D"键取消选区，给图形做"投影"及"斜面和浮雕"效果；再绘制小的正圆选区，移到圆形的中间，按"Delete"键将圆形中间部分删除，形成圈形；按"Ctrl+T"键将圈形等比缩小，作为袋子拎绳的孔；复制一个移到合适位置，得到另一个孔，如图 9-3-18 所示。

图 9-3-15　"透视"效果

图 9-3-16　立体侧面效果

5. 新建图层，用"椭圆选框工具"绘制椭圆选区，在"路径"面板下将选区转换为路径，用"直接选择工具"将椭圆形的下部分调整成绳子的形状后再将其转换为选区；回到"图层"面板，新建图层，执行"编辑"—"描边"命令，将选区描一个4像素、白色的边。用"多边形套索工具"或者"矩形选框工具"选取椭圆的上半部分，按"Delete"键删除，形成下垂的绳子，给绳子做"投影"及"斜面和浮雕"效果，如图9-3-19所示。

6. 合并图层，给图像做"投影"效果，最终形成如图9-3-20所示的拎袋效果。

7. 按"Ctrl+S"键保存到合适的位置。

图9-3-17 "扭曲"后效果

图9-3-18 加入绳孔

图9-3-19 制作提绳

图9-3-20 "投影"效果

【相关知识】

所谓包装，不仅具有保护产品的功能，还具有积极的促销作用。随着近年来市场竞争的激烈，更多的人在想尽办法使之发挥出后一种作用。包装要起到促销的作用，首先要能引起消费者的注意，因为只有引起消费者注意的商品才有被购买的可能。因此，包装要使用新颖别致的造型、鲜艳夺目的色彩、美观精巧的图案，各有特点的材质使包装能呈现醒目的效果，使消费者一看见就产生强烈的兴趣。

生活中的包装产品比较醒目，应用非常广泛的一种就是手提袋。

手提袋的使用，不但为购物者提供方便，而且可以借机再次推销产品或品牌。设计精美的提袋会令人爱不释手，即使手提袋印刷有醒目的商标或广告，顾客也会乐于重复使用。这种手提袋已成为目前最有效率而又物美价廉的广告媒体之一。

有些代理一些高档工艺品业务的，每个产品在来到中国的时候都有自己的盒子包装，但他们为了拿取时的方便，就会根据不同的产品来做不同的袋子。由于产品的设计不同，尺寸也不一样，这就在制作手提袋的时候有了难处。由于他们代理的是高档的产品，所以他们要求的手提袋也必须是一个产品配一种袋子，要让客户看上去这个袋子就是为了这个产品而生产的，并不是一个通用的袋子，这样才能显出产品的珍贵，但同时也增加了他们的成本费用。

那么，手提袋的尺寸又是怎么规定的呢？很多产品的手提袋，只是随意地根据其产品的尺寸来制作的，往往很多产品在生产加工的时候不会考虑到它包装时的手提袋尺寸，所以就避免不了在印刷手提袋中会有所浪费。

我们在为这个客户设计袋子的时候，尽量靠近他们的尺寸，也尽量避免他们的无谓浪费，因为众所周知一张全开的纸张平均开成向几开，每一个小开数的纸张制作一个手提袋，这样是最合理的，比如我们常见的正对开的尺寸：400×300×80（mm），这个尺寸就没有浪费，一张全开的纸张正好可以做成两个袋子，在印刷上也比较划算，正好可以用对开机器来印刷。

如果客户要做成400×320×100（mm）的尺寸的话，这就是一个大对开的尺寸，也没有浪费，但如果做成400×300×150（mm），浪费就比较大。

常规手提袋一般尺寸：

大2开手提袋：330 mm（宽）×450 mm（高）×90 mm（侧面）

正2开手提袋：280 mm（宽）×420 mm（高）×80 mm（侧面）

大3开手提袋：250 mm（宽）×350 mm（高）×80 mm（侧面）

正3开手提袋：240 mm（宽）×290 mm（高）×80 mm（侧面）

手提袋的设计内容上，一般对应两面是相同的，所以只做袋子的一半就可以，也就是一个正面和一个侧面。

任务 4　设计三折页

【任务分析】

三折页是企业宣传最主要的手段之一，一个三折页广告由六部分组成，如果把这六部分编号的话，可以理解为一面由 1、6、5 组成，另一面对应为 2、3、4 组成，其中 1 号为正面，6 号为背面，本任务以三折页的一面为例设计一个啤酒广告宣传页。

【任务步骤】

1. 新建一个文件，在"新建"对话框中"预设"中选择"国际标准纸张"，在"大小"处选择"A4"，"分辨率"设置为 300 像素/英寸，"颜色模式"为 RGB 颜色，如图 9-4-1 所示。

操作视频

2. 执行"图像"—"图像旋转"—"顺时 90 度"命令，将图像变为横向放置。添加参考线，按"Ctrl+R"键显示标尺，右击标尺，在弹出的菜单中选择单位为"毫米"，执行"视图"—"新建参考线"命令，分别在 97 毫米和 197 毫米处添加垂直参考线，如图 9-4-2 所示。

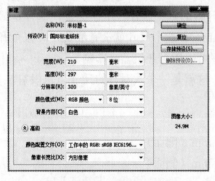

图 9-4-1　新建文件

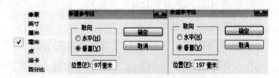

图 9-4-2　添加参考线

3. 用鼠标从左侧标尺处拖拽出新的参考线到图像左右两侧，从上面标尺拖拽出参考线到图像上下位置，如图 9-4-3 所示。

4. 设置出血值，执行"图像"—"画布大小"命令，在新建大小栏中勾选"相对"，高度、宽度都设置为 3 毫米后单击"确定"按钮，如图 9-4-4 所示。

5. 设置前景色为青绿色（R: 0, G: 137, B: 83），选择"渐变工具"，设置渐变色为中间亮绿、两侧暗绿色，如图 9-4-5 所示，新建一个图层，从左上到右下拖拽鼠标为图像填充渐变色。

6. 再新建一个图层，用"矩形选框工具"在右侧区域"画"出一个矩形区域，按"Alt+Delete"键填充前景色，按"Ctrl+D"键取消选区，如图 9-4-6 所示。

7. 再次新建一个图层，将前景色改变为黑色，用"矩形工具"在左侧区域（这个区域也可以称之为封面）画出一矩形，将图层模式修改为"柔光"模式。

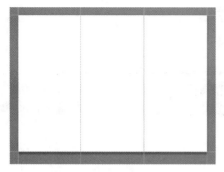
图 9-4-3　图像参考线

图 9-4-4　设置出血值

图 9-4-5　设置渐变

图 9-4-6　填充和图层

8. 为图层添加一个蒙版，单击"填充工具"，修改渐变色为"黑—白—黑"，为蒙版添加一个"黑—白—黑"的渐变，如图 9-4-7 所示。

9. 输入文字"世界驰名商标"，调整文字大小、字体、间距等参数，将其移动到矩形区域上面，如图 9-4-8 所示。

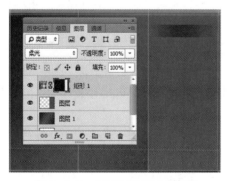
图 9-4-7　矩形区设置柔光效果

图 9-4-8　设置文字参数

10. 打开素材文件夹中的"啤酒 logo.jpg"图像文件，将图像文件中的 logo 抠出来，复制到新文件中，调整大小和位置，如图 9-4-9 所示。

11. 输入文字"希腊米斯啤酒"，调整文字大小、字体、位置，为图层添加"描边""颜色叠加""投影"效果，如图 9-4-10 所示。

项目 9　应用综合实例 | 245

图9-4-9 添加logo素材

图9-4-10 文字层效果

12. 选择"直线工具",在工具属性栏中将填充色修改为"黄色",粗细大小为10像素,参数如图9-4-11所示。在文字下方,按"Shift"键拖动左键画出一条直线,单击"图层"面板下方的"添加蒙版"按钮 ,为"形状1"添加蒙版,使用"黑—白—黑""渐变工具"为蒙版添加渐变效果,如图9-4-12所示。

13. 按"Alt"键拖拽直线复制一份到下面,在两线之间输入"Grecia Mythos",调整字体和大小,颜色为白色,此时"封页"就做完了,如图9-4-13所示。

图9-4-11 直线属性栏

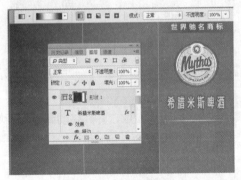
图9-4-12 制作直线

图9-4-13 制作文字

14. 打开素材文件夹中的"啤酒瓶.jpg"图像文件,同"磁性套索工具"将啤酒瓶和酒杯选中,将其移动到新文件中,为其图层添加一个"外发光"效果,调整大小和参数,直至合理为止,如图9-4-14所示。

15. 打开素材文件夹中的"纹理.jpg"图像文件,直接用"移动工具"将其移动到新文件中,按"Ctrl+T"键改变其大小和位置,把图层效果改为"叠加"效果,移动图层到"酒瓶"图层下面,用"椭圆选框工具"在图案上绘出一个椭圆,单击"图层"面板下方的"添加蒙版工具" ,为"纹理"图层添加一个椭圆蒙版,执行"滤镜"—"模糊"—"高斯模糊"命令,调整模糊大小到适当的位置,单击"确定"按钮,如图9-4-15所示。

16. 选择"竖排文字工具",在"啤酒瓶"右上方输入文字"窖藏啤酒,味道清单",调整文字大小、字体和位置。选择"横排文字工具"在"啤酒瓶"下方输入文字"米琪啤酒,久负盛名",调整大小和字体、位置等,将前面的直线图层复制一层,将其移动到文字下方并与右侧直线水平对齐，输入其他相关文字，此时"封底"面制作完成，如图 9-4-16 所示。

17. 打开素材文件夹中的"啤酒.jpg"图像文件，将扎啤杯抠出（可以用"套索""通道"等方法）移动到新文件中，用"自由变换功能"调整大小，移动到左下角位置，如图 9-4-17 所示。

图 9-4-14　制作啤酒瓶效果

图 9-4-15　制作纹理背景

图 9-4-16　背面效果

图 9-4-17　添加"啤酒.jpg"图像文件

18. 打开素材文件夹中的"水滴.jpg"图像文件，用"移动工具"将其移动到新文件中，用"自由变换工具"调整大小和位置，将图层效果改为"滤色"，调整"啤酒"图层移到"水滴"图层的上面。

19. 打开素材文件夹中的"丝带.jpg"图像文件，用抠图的方法将丝带选中（建议用"通道"的方法），将其移动到新文件中，将其图层效果修改为"透明"，用"自由变换功能"（按"Ctrl+T"键）调整大小、位置和方向，如图 9-4-18 所示。添加其他文字信息并调整效果，此时三折页一面制作完成，效果如图 9-4-19 所示。

20. 内三折设计过程同上，可参照相关案例制作。

图 9-4-18　添加"水滴.jpg"和"丝带.jpg"图像文件

图 9-4-19　最终效果

【相关知识】

宣传册可不只是陈述公司业务的最好载体,即使是一个简单的三折页,你也能大有可为,毕竟宣传册可是最多功能的宣传物料。

与传单和海报不同,宣传册可以更好地讲述你的品牌故事:你可以设计一个让人印象深刻的封面,附上产品或服务的核心介绍,以及在结尾写上一条强有力的口号。

三折页就是把印刷好的宣传单张折叠两次制成的印刷品。在制作三折页前需要编辑三折页内容,包括图片和文字,确定三折页展开尺寸、折叠方式、色彩要求、印刷用纸要求、印后加工要求等。三折页内容包括企业名称、企业Logo、企业简介、企业标语、产品展示、产品分类和联系方式等。三折页的结构按照版面主要分为封面、封底和内页。三折页的封面主要有企业名称、企业Logo、形象照片、广告标语等。三折页的封底一般是企业名称、企业Logo、企业标语、企业简介和联系方式。

三折页的广告标语用简短的一句话来概括三折页内容,如企业的发展方向或主导产品;三折页的形象照片需要根据行业和产品属性来确定;三折页内容的文字部分,如企业名称、产品名称、产品描述、企业标语、企业简介和联系方式等可以根据市场需求设计成中文和英文2个版本。三折页的内页主要是产品名称、产品图片和产品说明,产品部分需要确定主次顺序。三折页内容的文字部分,建议使用纯文本形式编辑,如Word或记事本;三折页的图形部分建议使用真实图片,用高清相机拍摄的照片,如果图片分辨率不高,需要用位图软件PS处理,建议分辨率不低于300像素/厘米。

常规三折页尺寸以A3和A4为主,也就是三折页的成品展开尺寸。排版设计时,需要保留出血位,也就是在三折页成品展开尺寸的四周各加3 mm出血位。三折页的折叠方法常规是卷心折和风琴折两种。三折页需确定折叠方式、页面顺序,也就是确定封面、封底和内页的顺序,然后依次将三折页内容排版和美化。尽量保证读者首先看到的是企业的名称、标语和形象,接着阅读产品信息等内容。

项目评价

本项目主要介绍Photoshop CS6软件的界面组成,面板的操作使用方法,新建和打开图像文件,以及如何保存文件,对图像文件进行大小、模式、颜色的修改。完成本项目任务后,你有何收获,为自己做个评价吧!

分类	评价	很满意	满意	还可以	不满意
任务完成情况					
与同组成员沟通及协调情况					
知识掌握情况					
体会与经验					

巩固与提高

【知识巩固】

简答题
1. 广告设计的流程是什么?
2. 海报大致可以分几类?

【技能提高】

请为你使用的手机制作一个创意广告。

参 考 文 献

[1] 贺欣. 计算机图形图像处理 Photoshop CS3 [M]. 南京：江苏教育出版社，2005.
[2] 洪波. 图形图像处理案例教程 Photoshop CS5 [M]. 郑州：大象出版社，2014.
[3] 邹新裕. Photoshop CS6 案例教程 [M]. 上海：上海交通大学出版社，2018.